月刊誌

数理科学

毎月 20 日発売
本体 954 円

予約購読のおすすめ

本誌の性格上、配本書店が限られます。**郵送料弊社負担**にて確実にお手元へ届くお得な予約購読をご利用下さい。

年間　11000円
（本誌**12**冊）

半年　5500円
（本誌**6**冊）

予約購読料は**税込み価格**です。

なお、**SGC** ライブラリのご注文については、予約購読者の方には、商品到着後のお支払いにて承ります。

お申し込みはとじ込みの振替用紙をご利用下さい！

サイエンス社

SGCライブラリ-159

例題形式で探求する
複素解析と幾何構造の対話

志賀 啓成 著

サイエンス社

─── SGC ライブラリ（The Library for Senior & Graduate Courses）───

近年，特に大学理工系の大学院の充実はめざましいものがあります．しかしながら学部上級課程並びに大学院課程の学術的テキスト・参考書はきわめて少ないのが現状であります．本ライブラリはこれらの状況を踏まえ，広く研究者をも対象とし，**数理科学諸分野および諸分野の相互に関連する領域**から，現代的テーマやトピックスを順次とりあげ，時代の要請に応える魅力的なライブラリを構築してゆこうとするものです．装丁の色調は，

数学・応用数理・統計系（黄緑），物理学系（黄色），情報科学系（桃色），

脳科学・生命科学系（橙色），数理工学系（紫），経済学等社会科学系（水色）

と大別し，漸次各分野の今日的主要テーマの網羅・集成をはかってまいります．

まえがき

　複素解析というのは理工系の多くの学部で習う科目だろう．「留数計算」は実際の積分計算においては，非常に有用であるとともに，その計算の手際の良さには多くの人々の目を見張らせる．しかし，一部の数学科のコースを除けば，通常の複素解析の授業では，それ以上に深く進まないようである．本書は，数理科学で 2017 年 12 月から 2020 年 1 月まで連載された内容に若干の加筆をしたものだが，全体として，基本的な事項から現代理論の「さわり」まで解説しようと意図した．ただし，筆者の力量不足により，触れられなかった多くの結果もある．

　本書でもうひとつ意図したことは，複素解析の幾何学的側面の解説である．複素解析は「解析」ではあるが，幾何学的あるいは位相幾何学的な考え方が本質的な役割を果たすことが少なくない．本書ではこの観点を意識して解説を行った．実際に，計算に頼らず，図形的な説明を強調した箇所は少なくない．

　以上の点をふまえて，本書の内容を概観しよう．

　第 1 章から第 3 章までは，複素解析の第一段階と言うべきもので，コーシーの積分定理とその応用が中心である．この部分で一番やっかいなのが，コーシーの積分定理の証明である．本書では，まず領域が多角形などの簡単な場合を示し（定理 3.1 の証明の (1), (2)），それを用いてコーシーの積分公式の特別な場合を導いた（定理 3.2）．このことから，正則関数が C^1 級であることがわかり，コーシーの積分定理がストークスの公式からただちに従う（定理 3.1 の証明 (3)）．

　この説明からもわかるように，本書ではベクトル解析で習う C^1 級関数に関するストークスの公式は仮定している．コーシーの積分定理の流れとしては，正則関数が C^1 級であることを示したのち，ストークスの公式を適用するというものである．

　第 4 章から第 7 章までは，主として有理型関数を扱っている．いわゆる「留数計算」にも触れている．このあたりまでは学部の複素解析の内容をほぼカバーしているだろう．

　第 8 章は，一次分数変換と双曲幾何学の解説である．その諸性質の図形への応用もいくつか挙げてある（8.4 節）．

　第 9 章は双曲的リーマン面を取り上げている．特に 9.3 節から 9.4 節では，双曲計量と正則写像の短縮原理を用いてピカールの定理の証明を与えた．この証明は，複素解析と双曲幾何の融合のひとつの成果である．

　第 10 章から第 13 章までは，リーマン面の変形論，タイヒミュラー空間論を概観した．はじめに述べた現代理論の「さわり」に当たる．この部分は，複素解析，位相幾何を含む様々な分野が連携している膨大な研究分野の入り口とも言える．興味のある読者は巻末の参考文献などで，さらに進んで学ばれたい．

最後に，本書の元となった連載を企画していただき，さらに本書の執筆も勧めて下さった「数理科学」編集部の大溝良平氏に感謝いたします．

2020 年 2 月

志賀 啓成

目　次

第 1 章

序論

複素解析（complex analysis）とは，その名の示す通り複素変数関数を扱う「解析」学である．しかし，その一方で大変幾何的側面も強い分野でもある．また，そのことゆえに，現代数学の様々な分野で現れ，応用される．本書では，このような観点から複素解析をとらえ，単なる計算以上の解説を試みる．しかし，その一方で，その幾何学的側面を支える解析の厳密な理論も併せて述べたい．

まず，複素数の計算，幾何的意味から始め，収束の概念を確認し，複素関数の微分・積分の理論へと進む．ここまでは，いわば基礎理論で，さらに理論を深め，現代数学で扱われている題材へと理解を進めたい．

なお，本書では，$\mathbb{R}$ を実数全体の集合，$\mathbb{C}$ を複素数全体の集合とする．また，$\mathbb{Z}, \mathbb{N}$ はそれぞれ整数全体，自然数全体の集合を表すものとする．

1.1 複素数の計算，図形的意味

複素数 z は実数 x, y を用いて，

$$z = x + iy$$

と表現される．$i \, (i = \sqrt{-1})$ は虚数単位とよばれる．また，x は z の実部，y は z の虚部とよばれ，それぞれ $\mathrm{Re}\, z$, $\mathrm{Im}\, z$ と書く．$\bar{z} = x - iy$ を z の複素共役とよぶ．このとき，$|z|^2 = z\bar{z} = x^2 + y^2$ である．z の複素共役 $\bar{z}$ は，$z = x + iy$ と $\mathbb{R}^2$ の点 (x, y) を同一視した複素平面（ガウス平面）$\mathbb{C}$ では，ちょうど実軸に関して対称の位置にある（図 1.1）．

複素数 z が 0 でないとき，0 と z を結ぶ線分と実軸のなす角 θ と，$r := |z|$ を用いて $z = r(\cos\theta + i\sin\theta)$ と表現されるが，これを z の極座標表示といい，θ を z の偏角，r を z の絶対値という（図 1.2）．θ は $\arg z$ と書かれるが，θ の取り方は $2n\pi \, (n \in \mathbb{Z})$ の自由度があり，z から一意には決まらない．

複素数の極座標表示においては，次のド・モアブル（**de Moivre**）の公式が

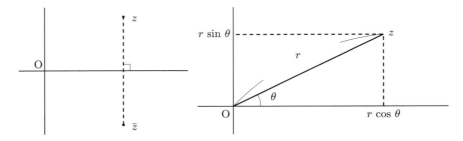

図 1.1　複素共役.　　　　　　　図 1.2　z の極座標表示.

成り立つ.

> $z_j = r_j(\cos\theta_j + i\sin\theta_j)\ (j = 1, 2)$ に対し,
>
> $$z_1 z_2 = r_1 r_2(\cos(\theta_1 + \theta_2) + i\sin(\theta_1 + \theta_2)).$$

すなわち, 絶対値は積となり, 偏角は和となる.

　以上が複素数とその計算の基本的な事柄である. ここで問題をいくつか解いてみよう.

例題 1.1　$-\frac{\pi}{2} < \arg z < \frac{\pi}{2}$ と $|z - 1| < |z + 1|$ は同値であることを示せ.

[解答 1]　$z = x + iy$ とおく.

　$|z - 1|, |z + 1| \geqq 0$ であるから,

$$0 \leqq |z - 1| < |z + 1| \Longleftrightarrow |z - 1|^2 < |z + 1|^2$$
$$\Longleftrightarrow (x - 1)^2 + y^2 < (x + 1)^2 + y^2$$
$$\Longleftrightarrow (x - 1)^2 < (x + 1)^2 \Longleftrightarrow x^2 - 2x + 1 < x^2 + 2x + 1$$
$$\Longleftrightarrow x = \operatorname{Re} z > 0 \Longleftrightarrow -\frac{\pi}{2} < \arg z < \frac{\pi}{2}. \qquad\text{(終)}$$

　この解答で結構である. しかし, 「何だかわからないが, 計算したらできました」感は否めない. 例えば, $-\frac{\pi}{2} < \arg z < \frac{\pi}{2}$ から発見的に $|z - 1| < |z + 1|$ を導くのは難しい. そこで, これを幾何学的に考えてみる.

　2 つの複素数 a, b に対して, $|a - b|$ は a と b のガウス平面 $\mathbb{C}$ 上での距離を表す. このことに気付けばより望ましい解答は次のようになる.

[解答 2]　$|z - 1|$ は z と 1 の距離, $|z + 1| = |z - (-1)|$ は z と -1 との距離. よって, 不等式 $|z - 1| < |z + 1|$ は, z は -1 よりも 1 に近い点である, ということを意味している. z が ± 1 から等距離にある点は, 1 と -1 の垂直二等分線で, これは虚軸である, したがって, z は虚軸が分ける半平面で 1 を含むもの, すなわち $\operatorname{Re} z > 0$ の点である (図 1.3). 逆に $\operatorname{Re} z > 0$ なら, $|z - 1| < |z + 1|$ も同じ理由である. (終)

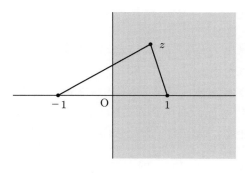

図 1.3　$\operatorname{Re} z > 0$.

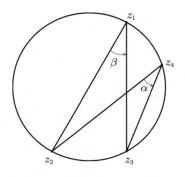

図 1.4　$\mathbb{C}$ 内の z_1, z_2, z_3, z_4 が同じ円周上にある場合.

このことが理解されれば，以下のことも直ちにわかる.

$\mathbb{H} := \{ z \in \mathbb{C} \mid \operatorname{Re} z > 0 \}$，$\mathbb{D} := \{ z \in \mathbb{C} \mid |z| < 1 \}$ とおく. このとき，任意の $\omega \in \mathbb{H}$ に対し，

$$z \in \mathbb{H} \iff \frac{z - \omega}{z - \bar{\omega}} \in \mathbb{D}.$$

したがって，$f(z) = \frac{z - \omega}{z - \bar{\omega}}$ $(\omega \in \mathbb{H})$ は $\mathbb{H}$ から $\mathbb{D}$ の上への 1 対 1 写像を与えている. この写像はしばしばケイリー変換とよばれる.

例題 1.2　z_1, z_2, z_3, z_4 を $\mathbb{C}$ 内の異なる 4 点とする. この 4 点が同一円周上または同一直線上にあるための必要十分条件は

$$\frac{z_1 - z_2}{z_1 - z_3} \cdot \frac{z_3 - z_4}{z_2 - z_4}$$

が実数であることを示せ.

[**解答**]　z_1, z_2, z_3, z_4 が図 1.4 のように，同じ円周にあるとする.

このとき，円弧 $z_2 z_3$ に対する z_4 と z_1 の円周角 α, β は等しい. ド・モアブルの公式で述べたように，複素数の積の偏角はそれぞれの偏角の和であるから，商の場合は差となる. したがって，

$$\alpha = \arg\left(\frac{z_4 - z_3}{z_4 - z_2} \right), \quad \beta = \arg\left(\frac{z_1 - z_3}{z_1 - z_2} \right)$$

である.

よって，

$$0 = \alpha - \beta = \arg\left(\frac{z_4 - z_3}{z_4 - z_2} \right) - \arg\left(\frac{z_1 - z_3}{z_1 - z_2} \right)$$

を得る. 今度は偏角の差が商の偏角になることを使えば，

$$\arg\left(\frac{z_4 - z_3}{z_4 - z_2} \cdot \frac{z_1 - z_2}{z_1 - z_3} \right) = 0$$

となり，このことから

$$\frac{z_1 - z_2}{z_1 - z_3} \cdot \frac{z_3 - z_4}{z_2 - z_4}$$

が実数になることがわかる. $z_1 \sim z_4$ が図 1.4 のような順序で並んでいない場合も同様の考察で分かる.

逆に,上の数が実数でないとすると,円周角が等しくないということになり,この 4 点が同一円周上にないということになる.同一直線上にある条件についても同様に示される.（終）

この解法は円周角という円に関する基本的な量を用いているので,幾何的・初等的であるが,最後の部分の点の順序についての考察がややわずらわしい.実は,のちに解説するメビウス変換（一次分数変換）を用いると,この問題はあっという間に終わってしまうが,それはそのときに改めて述べる（8.4 節を見よ）.

複素数の取扱いで注意しなければならないのは,n 乗根 $\sqrt[n]{a}$ $(a \neq 0)$ である.a が実数の場合,例えば $\sqrt{a}$ は $a > 0$ のとき定義され,$\sqrt{a} > 0$ と定める.つまり,$\sqrt{a}$ は $x^2 = a$ の解のうち正のほうとして定まるものである.a が複素数の場合は,正というわけにもいかない.したがって $\sqrt[n]{a} = (a)^{\frac{1}{n}}$ は $z^n = a$ となる複素数として,$\sqrt[n]{a}$ を定義することになる.しかし一般に,このような数は n 個あり,1 つには決まらない.例えば,次のような具合である.

例題 1.3 $(1 + \sqrt{3}\,i)^{\frac{1}{3}}$ を求めよ.

[解答] $1 + \sqrt{3}\,i = 2(\cos\frac{\pi}{3} + i\sin\frac{\pi}{3})$ と書ける.求める複素数 z を極座標で $r(\cos\theta + i\sin\theta)$ と表すと,ド・モアブルの公式から,

$$2\left(\cos\frac{\pi}{3} + i\sin\frac{\pi}{3}\right) = 1 + \sqrt{3}\,i = z^3 = r^3(\cos 3\theta + i\sin 3\theta).$$

ゆえに,

$$r^3 = 2, \quad \cos 3\theta = \cos\frac{\pi}{3}, \quad \sin 3\theta = \sin\frac{\pi}{3}.$$

これより

$$z = \sqrt[3]{2}\left(\cos\left(\frac{\pi}{9} + \frac{2k}{3}\pi\right) + i\sin\left(\frac{\pi}{9} + \frac{2k}{3}\pi\right)\right) \quad (k = 0, 1, 2)$$

を得る.（終）

一般に複素数 $\alpha = R(\cos\Theta + i\sin\Theta)$ $(\neq 0)$ に対し,$\alpha^{\frac{1}{n}}$ は n 個の複素数

$$\sqrt[n]{R}\left\{\cos\left(\frac{\Theta}{n} + \frac{2\pi k}{n}\right) + i\sin\left(\frac{\Theta}{n} + \frac{2\pi k}{n}\right)\right\} \quad (k = 0, 1, \cdots, n-1)$$

で与えられる.

複素数の n 乗根は特に複素数値関数になるとやや面倒になる.これはずっと

後に述べる「解析接続」という概念で理解される.

1.2　複素数列の収束，級数

複素数列 $\{z_n\}_{n=1}^{\infty}$ が z に収束する，とは $|z_n - z| \to 0 \ (n \to \infty)$ ということであり，$\mathrm{Re}\, z_n \to \mathrm{Re}\, z$ かつ $\mathrm{Im}\, z_n \to \mathrm{Im}\, z \ (n \to \infty)$ と同値である．これはいわゆる ε–δ 論法を用いて述べれば，次のようになる.

任意の $\varepsilon > 0$ に対して，ある番号 $N \in \mathbb{N}$ がとれて，$n > N$ ならば $|z_n - z| < \varepsilon$ が成り立つ.

このような記述は実数列 $\{x_n\}_{n=1}^{\infty}$ が x に収束する場合と全く同じである（図 1.5 左）．違いは $\{z_n\}_{n=1}^{\infty}$ の場合は複素平面，すなわち 2 次元平面であるということである（図 1.5 右）.

実数直線上の数列 $\{x_n\}_{n=1}^{\infty}$ が x に収束するという状況では，収束する方向は左右の 2 方向しかない．しかし，複素平面 $\mathbb{C}$ において数列 $\{z_n\}_{n=1}^{\infty}$ が z に収束する場合はあらゆる方向から様々な方法で収束する可能性がある．次元が 1 から 2 へと，たった 1 つだけ増えただけで現れる複雑性である.

複素数の級数 $\sum_{k=1}^{\infty} z_k$ の収束についても，その部分和 $s_n = \sum_{k=0}^{n} z_k$ が収束することで定義される．また，級数 $\sum_{k=1}^{\infty} z_k$ において絶対値の級数 $\sum_{k=1}^{\infty} |z_k|$ が収束するとき，$\sum_{k=1}^{\infty} z_k$ は**絶対収束**するという.

例題 1.4　絶対収束する級数は収束することを証明せよ．また，この逆は成り立たないことを示せ.

[解答]　証明は実数の場合と同じである．$\sum_{k=1}^{\infty} z_k$ が絶対収束していると仮定すると，$\tilde{s}_n := \sum_{k=1}^{n} |z_k|$ とおくと $\{\tilde{s}_n\}_{n=1}^{\infty}$ はコーシー列である．したがって，任意の $\varepsilon > 0$ に対して，ある $N \in \mathbb{N}$ がとれて，$n, m \geqslant N$ ならば，$|\tilde{s}_n - \tilde{s}_m| < \varepsilon$ である．このことと，三角不等式 $|z + w| \leqslant |z| + |w|$ を用いれば，$\sum_{k=1}^{\infty} z_k$ の部分和 $s_n = \sum_{k=1}^{n} z_k$ に対しても

$$|s_n - s_m| \leqslant |\tilde{s}_n - \tilde{s}_m| < \varepsilon$$

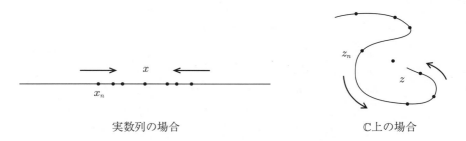

実数列の場合　　　　　　　　　　　　　　　$\mathbb{C}$ 上の場合

図 1.5　実数列の収束（左）と複素数列の収束（右）.

であることがわかる．これは $\{s_n\}_{n=1}^{\infty}$ がコーシー列であることを示している．よって $\{s_n\}_{n=1}^{\infty}$ も収束する．

後半は収束するが絶対収束しない級数を作ればよい．例えば $z_k = (-1)^k k^{-1}$ とおけば $\sum_{k=1}^{\infty} z_k$ は収束するが，$\sum_{k=1}^{\infty} |z_k|$ は発散している．（終）

1.3 初等関数

$z \in \mathbb{C}$ に対して指数関数 e^z，三角関数 $\cos z, \sin z$ などを定義する．定義はそれぞれの関数のテイラー展開を複素数に拡張した形で行う．すなわち，指数関数の場合，任意の $x \in \mathbb{R}$ に対して

$$e^x = 1 + x + \frac{x^2}{2!} + \frac{x^3}{3!} + \cdots + \frac{x^n}{n!} + \cdots$$

なるテイラー展開を持っている．この実変数 x を複素変数 z に置き換えて，

$$e^z = 1 + z + \frac{z^2}{2!} + \frac{z^3}{3!} + \cdots + \frac{z^n}{n!} + \cdots$$

で定義する．$\cos z, \sin z$ も同様で，

$$\cos z = 1 - \frac{z^2}{2!} + \frac{z^4}{4!} + \cdots + \frac{(-1)^n}{(2n)!} z^{2n} + \cdots,$$

$$\sin z = z - \frac{z^3}{3!} + \frac{z^5}{5!} + \cdots + \frac{(-1)^n}{(2n+1)!} z^{2n+1} + \cdots$$

のように定義される．これらの定義において右辺の級数は任意の $z \in \mathbb{C}$ に対して収束している（各点収束）．実際は，さらに強く複素平面 $\mathbb{C}$ において広義一様収束している．

ここで挙げた「一様収束」は初学者にはハードルが高い概念であるので解説しよう．

話を簡単にするため，区間 $I = (0, 1)$ で定義された関数列 $\{f_n\}_{n=1}^{\infty}$ を考える．任意の $x \in I$ に対して，$f_n(x)$ という値で作る数列 $\{f_n(x)\}$ が $n \to \infty$ で $f(x)$ に収束するとき，関数列 $\{f_n\}_{n=1}^{\infty}$ は関数 f に各点収束すると言う．すなわち，任意の $\varepsilon > 0$ に対しある $N \in \mathbb{N}$ が存在して，$n \geqslant N$ ならば $|f_n(x) - f(x)| < \varepsilon$ が成り立つ，ということである．ところで，$|f_n(x) - f(x)| < \varepsilon$ は $f_n(x)$ が $f(x)$ から距離 ε の範囲内にあるということで，換言すれば，$f_n(x)$ は $f(x)$ の ε-近傍にある，ということである．

一様収束は，この考え方を関数のグラフ $y = f(x)$ に対して用いるものだと言ってよい．つまり，任意の $\varepsilon > 0$ に対しある $N \in \mathbb{N}$ が存在して，$n \geqslant N$ ならば，$y = f_n(x)$ のグラフは $y = f(x)$ の ε-近傍にあるようにできる，ということである．ここで $y = f(x)$ の ε-近傍とは図 1.6 のように，$y = f(x)$ のグラフから上下 ε の高さ以内の部分とする．この部分を $y = f(x)$ の ε-近傍と呼んでも差しつかえはないであろう．

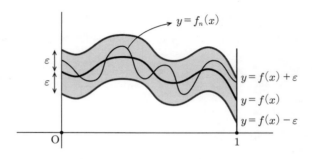

図 1.6　$f(x)$ の ε-近傍.

　これを言い換えれば，任意の $\varepsilon > 0$ に対してある $N \in \mathbb{N}$ が存在して $n \geqq N$ ならば，任意の $x \in (0, 1)$ に対して

$$|f_n(x) - f(x)| < \varepsilon$$

が成り立つ，ということになる．このように考えると，「連続関数列の一様収束極限は再び連続関数である．」という事実も（厳密な証明は別としても）容易に納得される．積分と極限操作が交換可能になるということも同様にたやすい．また，

$$\|f_n - f\|_\infty = \sup\{|f_n(x) - f(x)|; x \in (0, 1)\}$$

とおけば，一様収束は $\|f_n - f\|_\infty \to 0$ $(n \to \infty)$ と同値になる．

　広義一様収束は，定義域内の任意のコンパクト集合において一様収束するというのが定義である．一様収束ならば，もちろん広義一様収束であるが，逆は正しくない．例えば，$I = (0, 1)$ において $f_n(x) = x^n$ $(n = 1, 2, \cdots)$ は $f(x) \equiv 0$ に広義一様収束しているが，一様収束ではない．

　ここで $e^z, \cos z, \sin z$ のテイラー展開に話を戻そう，

例題 1.5　$e^z, \cos z, \sin z$ のテイラー展開は $\mathbb{C}$ において絶対かつ広義一様収束していることを示せ．

[解答]　まず任意の $R > 0$ に対して級数 $\sum_{n=1}^{\infty} \frac{1}{n!} R^n$ が収束していることに注意する．このことは

$$\frac{R^{n+1}}{(n+1)!} \Big/ \frac{R^n}{n!} = \frac{R}{n} \to 0 \quad (n \to \infty)$$

より，n を十分大きくとれば

$$\frac{R^{n+1}}{(n+1)!} < \frac{1}{2} \cdot \frac{R^n}{n!}$$

とできることと，$\sum_{n=1}^{\infty} 2^{-n}$ が収束することから分かる．したがって，$\sum_{n=1}^{\infty} \frac{|z|^n}{n!} < \infty$ がわかる．すなわち，e^z のテイラー展開は絶対収束する．

　広義一様収束を示すために，$\mathbb{C}$ のコンパクト集合 K を任意にとる．$R > 0$ を

十分大にとって $K \subset \{|z| \leqslant R\}$ となるようにする．任意の $z \in K$ に対して，$|z| \leqslant R$ であるから，$m, p \in \mathbb{N}$ に対し，三角不等式から，

$$\left| \sum_{n=m}^{m+p} \frac{z^n}{n!} \right| \leqslant \sum_{n=m}^{m+p} \frac{|z|^n}{n!} \leqslant \sum_{n=m}^{m+p} \frac{R^n}{n!} \to 0 \quad (m \to \infty).$$

これは $\sum_{n=1}^{\infty} \frac{z^n}{n!}$ が K 上でコーシー列であり，さらに一様収束していることを示している．

cos z, sin z に関しても同様に示すことができる．（終）

e^z のテイラー展開が $\mathbb{C}$ 上で絶対かつ広義一様収束することから，$\mathbb{C}$ 上定義された指数関数 e^z に対しても指数法則が成り立つことが証明される．すなわち，

$$e^{z_1 + z_2} = e^{z_1} e^{z_2}$$

が成立する．また，$z = i\theta$ $(\theta \in \mathbb{R})$ のとき，$e^{i\theta}$ と $\cos\theta$, $\sin\theta$ のテイラー展開を比較することで，

$$e^{i\theta} = \cos\theta + i\sin\theta$$

が得られる．特に $\theta = \pi$ とすれば

$$e^{i\pi} = \cos\pi + i\sin\pi = -1$$

が得られる．

同様の計算から，

$$\cos z = \frac{1}{2}(e^{iz} + e^{-iz}), \quad \sin z = \frac{1}{2i}(e^{iz} - e^{-iz})$$

と表現されることがわかる．

例題 1.6 上の表現を用いて，$\cos z$ の加法定理

$$\cos(z_1 + z_2) = \cos z_1 \cos z_2 - \sin z_1 \sin z_2$$

を導け．

[解答]

$$
\begin{aligned}
右辺 &= \frac{1}{2}(e^{iz_1} + e^{-iz_1})\frac{1}{2}(e^{iz_2} + e^{-iz_2}) - \frac{1}{2i}(e^{iz_1} - e^{-iz_1})\frac{1}{2i}(e^{iz_1} - e^{-iz_1}) \\
&= \frac{1}{4}(e^{i(z_1+z_2)} + 2 + e^{-i(z_1+z_2)}) + \frac{1}{4}(e^{i(z_1+z_2)} - 2 + e^{-i(z_1+z_2)}) \\
&= \frac{1}{2}(e^{i(z_1+z_2)} + e^{-i(z_1+z_2)}) = \cos(z_1 + z_2) \qquad\qquad （終）
\end{aligned}
$$

先にあげた式 $e^{i\theta} = \cos\theta + i\sin\theta$ より，$e^{2\pi i} = 1$ である．したがって指数法則より，任意の $z \in \mathbb{C}$ に対して

$$e^{z+2\pi i} = e^z e^{2\pi i} = e^z$$

を得る．したがって，$2\pi i$ は指数関数の周期である．さらに，e^z の周期はこれ以外にない．すなわち，

$$e^{z+c} = e^z$$

が任意の $z \in \mathbb{C}$ に対して成り立てば，$c = 2n\pi i$ $(n \in \mathbb{Z})$ でなければならない．

次にもう 1 つの初等関数である対数関数を複素数に対しても定義する．$z \in \mathbb{C}$ に対して $\log z$ は指数関数 e^z の逆関数として定義されるべきもので，したがって，

$$e^{\log z} = z$$

を満たさなければならない．$u(z) = \mathrm{Re}\,\log z$, $v(z) = \mathrm{Im}\,\log z$ とおくと，指数法則から，

$$z = e^{u(z)+iv(z)} = e^{u(z)}e^{iv(z)}$$
$$= e^{u(z)}\left(\cos v(z) + i\sin v(z)\right)$$

を得る．これより，

$$\log z = \log|z| + i\arg z \quad (z \neq 0)$$

であればよいことがわかる．しかし $\arg z$ は $2n\pi$ の加法定数の自由度があるため，$\log z$ を $\mathbb{C}^* = \mathbb{C} - \{0\}$ 上で一価に定めることはできない．そこで，$-\pi < \arg z \leqslant \pi$ と制限した形で $\log z$ を定める．このように定めた対数関数を**主値**と呼ぶ．主値は $\mathrm{Log}\,z$ と書くこともある．

一般に複素関数 $f(z)$ は，$\mathbb{C}$ 上の関数よりも写像としてとらえたほうが扱いやすい．そのような例を最後に挙げる．

例題 1.7 数列 $\{z_n\}_{n=0}^{\infty}$ を漸化式

$$z_{n+1} = \frac{1}{2}(z_n + z_n^{-1}) \quad (n = 0, 1, 2, \cdots)$$

で定める．このとき，$-\frac{\pi}{2} < \arg z_0 < \frac{\pi}{2}$ なら $\lim_{n \to \infty} z_n = 1$，$\frac{\pi}{2} < \arg z_0 < \frac{3}{2}\pi$ なら $\lim_{n \to \infty} z_n = -1$ であることを示せ．

解答を述べる前にこの問題のカラクリを説明しよう．問題の漸化式は $z_{n+1} = \frac{1}{2}(z_n^2 + 1)/z_n$ と書ける，これは 2 次の漸化式である．一般にこのような高次の漸化式で与えられる数列の極限を求めるのは大変困難であるが，この問題はそれがはっきり分かる数少ない例である．

2 次の漸化式で最も簡単なものは，

$$z_{n+1} = z_n^2$$

であろう．この場合，初期値 z_0 に対して，一般項は

$$z_n = z_0^{2^n}$$

で与えられる．したがって，$|z_0| < 1$ の場合，$\lim_{n \to \infty} z_n = 0$，$|z_0| > 1$ の場合 $\lim_{n \to \infty} z_n = \infty$ となることが容易に分かる．この問題の数列はこれに帰着されるのである．

[**解答**]　まず，

$$f(z) = \frac{1}{2}(z + z^{-1}), \quad \varphi(z) = \frac{z-1}{z+1}$$

とおく．

このとき，$w = \varphi(z)$ は z について解けて，

$$z = \frac{1-w}{1+w}$$

を得る．つまり，$\varphi^{-1}(w) = \frac{1-w}{1+w}$ である．

ここで

$$F(w) = \varphi \circ f \circ \varphi^{-1}(w)$$

とおく．φ, f, φ^{-1} に具体的な式を代入して計算すると，

$$F(w) = w^2$$

となる．定義より，$f = \varphi^{-1} \circ F \circ \varphi$ であるから，

$$z_1 = f(z_0) = \varphi^{-1} \circ F \circ \varphi(z_0),$$
$$z_2 = f(z_1) = f(f(z_0)) = \varphi^{-1} \circ F \circ \varphi(f(z_0))$$
$$= \varphi^{-1} \circ F \circ \varphi \circ \varphi^{-1} \circ \varphi(z_0) = \varphi^{-1} \circ F^2 \circ \varphi(z_0).$$

以下同様に

$$z_n = \varphi^{-1} \circ F^n \circ \varphi(z_0) \quad (n = 1, 2, \cdots)$$

を得る．ここで F^n は写像 F の n 回合成である．$F^n(z) = z^{2^n}$ であるから，

$$z_n = \varphi^{-1}(F^n(\varphi(z_0))) = \varphi^{-1}(\varphi(z_0)^{2^n}) = \frac{1 - \varphi(z_0)^{2^n}}{1 + \varphi(z_0)^{2^n}}$$

となる．したがって $|\varphi(z_0)| < 1$ ならば $\varphi(z_0)^{2^n} \to 0$ となり，

$$z_n \to \lim_{z \to 0} \varphi^{-1}(z) = 1 \quad (n \to \infty).$$

$|\varphi(z_0)| > 1$ ならば

$$z_n \to \lim_{z \to \infty} \varphi^{-1}(z) = -1 \quad (n \to \infty),$$

$$|\varphi^{-1}(z_0)| < 1 \iff \left|\frac{1-z_0}{1+z_0}\right| < 1 \iff |1-z_0| < |1+z_0|.$$

すでに例題 1.1 でみたように，これは $-\frac{\pi}{2} < \arg z_0 < \frac{\pi}{2}$ と同値である．（終）

　先に述べたように，この解答のエッセンスは，z^2 の合成関数に帰着させたということである．その際にキーとなったのは，$f = \varphi^{-1} \circ F \circ \varphi$ のとき，$f^n = \varphi^{-1} \circ F^n \circ \varphi$ ということと，$F(w) = \varphi \circ f \circ \varphi^{-1}(w) = w^2$ となっているということである．後の部分は，このような φ を見つけるということがすべてであるが，実はこれは難しくない．方程式 $f(z) = z$ を解くと $z = \pm 1$ を得る．上で作った $\varphi(z)$ は $\varphi(1) = 0$，$\varphi(-1) = \infty$ となるものである．したがって，$\varphi \circ f \circ \varphi^{-1}$ は 0 を 0，∞ を ∞ に写している．また φ，φ^{-1} ともに一次の有理式（= 分子，分母が一次式）であり，f は二次の有理式であるので，$\varphi \circ f \circ \varphi^{-1}$ は二次の有理式になる．つまり，$\varphi \circ f \circ \varphi^{-1}$ は二次の有理式で 0 と ∞ を固定する．このことから，その具体的な形が az^2 $(a \neq 0)$ になることが推察されるのである．さらに $\varphi \circ f \circ \varphi^{-1}(1) = 1$ となることが簡単に確認できるので，$a = 1$ となることがわかり，$F(z) = \varphi \circ f \circ \varphi^{-1}(z) = z^2$ となる．

第 2 章
複素微分と正則関数

2.1 複素微分

　複素平面 $\mathbb{C}$ 内の領域 D で定義された複素数値関数 f の複素微分というもの
を本章では考えていくが，その前に $f(z)$ を $z = x + iy$ の x, y の実二変数関数
$f(x, y)$ と見たときの微分についていくつか確認しておく．

　$f(x, y)$ が $(x_0, y_0) \in D$ において**全微分可能**とは，ある $(a, b) \in \mathbb{R}^2$ が存在
して，

$$f(x_0 + h, y_0 + k) - f(x_0, y_0) = ah + bk + o(\sqrt{h^2 + k^2}) \tag{2.1}$$

が成り立つことを言う．ここに $o(x)$ は $|o(x)/x| \to 0 \; (x \to 0)$ なる量を表す．

　$f(x, y)$ が (x_0, y_0) で全微分可能であれば，上記の式における (a, b) は自動的
に f の**勾配ベクトル**

$$\mathrm{grad}\, f(x_0, y_0) = (f_x(x_0, y_0), f_y(x_0, y_0))$$

となる．2 次元ベクトル $\vec{x}_0 = (x_0, y_0), \vec{h} = (h, k)$ を用いれば，(2.1) は

$$f(\vec{x}_0 + \vec{h}) - f(\vec{x}_0) = \mathrm{grad}\, f(x_0, y_0) \cdot \vec{h} + o(|\vec{h}|) \tag{2.2}$$

と書ける．ここに $\vec{x} \cdot \vec{y}$ は 2 次元ベクトル $\vec{x}, \vec{y}$ についての内積を表す．

　f が一変数関数の場合，$x = x_0$ において f が微分可能であることは関係式

$$f(x_0 + h) - f(x_0) = f'(x_0)h + o(h) \tag{2.3}$$

と同値であるから，全微分可能ということが一変数の微分可能性の自然な拡張
であることが (2.2) からわかる．

　偏微分 f_x, f_y はそれぞれ y および x を固定し，もう片方の変数のみの関数と
考えての微分であった．したがって $f_x(x_0, y_0)$ は (x_0, y_0) を通り x 軸に平行な
直線，すなわち水平方向での微分と言える．同様に $f_y(x_0, y_0)$ は垂直方向での

微分である．これを一般化して，角度 θ 方向の微分 $D_\theta[f]$ $(\theta \in [0, 2\pi])$ を考えることができる．正確に定義を書けば，

$$D_\theta[f](x_0, y_0) = \lim_{r \to 0} \frac{1}{r} \{ f(x_0 + r\cos\theta, y_0 + r\sin\theta) - f(x_0, y_0) \}$$

である．$f(x_0, y_0)$ が全微分可能であれば (2.2) から

$$\begin{aligned}
D_\theta[f](x_0, y_0) &= \operatorname{grad} f(x_0, y_0) \cdot (\cos\theta, \sin\theta) \\
&= f_x(x_0, y_0)\cos\theta + f_y(x_0, y_0)\sin\theta
\end{aligned} \tag{2.4}$$

となることはすぐにわかる．

複素微分.　複素平面 $\mathbb{C}$ 内の領域 D で定義された関数 f の $z = z_0$ での微分可能性を，一変数関数の微分可能性の直接の拡張として定義する．すなわち，極限

$$\lim_{\alpha \to 0} \frac{1}{\alpha} \{ f(z_0 + \alpha) - f(z_0) \} = f'(z_0)$$

が存在するということで定義する．これは (2.3) と同様の書き換えが可能で，ある定数 $A \in \mathbb{C}$ が存在して，

$$f(z_0 + \alpha) - f(z_0) = A\alpha + o(|\alpha|) \tag{2.5}$$

が成立することと同値である．このとき，A は $f'(z_0)$ と等しくなる．

また，(2.5) において $\alpha = h + ik$，$A = a + ib$ とおくと，

$$\begin{aligned}
f(z_0 - h - ik) &= (a + ib)(h + ik) + o(\sqrt{h^2 + k^2}) \\
&= (a + ib)h + (ai - b)k + o(\sqrt{h^2 + k^2})
\end{aligned} \tag{2.6}$$

が得られる．これは (2.1) と同じ形である．したがって $f(z)$ が $z = z_0$ で（複素）微分可能なら全微分可能になることがわかる．さらに (2.6) の形で h の係数は $f_x(z_0)$，k の係数は $f_y(z_0)$ であったから，

$$a + ib = f_x(z_0), \quad i(a + ib) = f_y(z_0)$$

という関係式が成り立つ．これは

$$f_x(z_0) + if_y(z_0) = 0 \tag{2.7}$$

と同値である．ここで微分作用素 $\frac{\partial}{\partial z}$, $\frac{\partial}{\partial \bar{z}}$ を

$$\frac{\partial}{\partial z} = \frac{1}{2}\left(\frac{\partial}{\partial x} - i\frac{\partial}{\partial y} \right), \quad \frac{\partial}{\partial \bar{z}} = \frac{1}{2}\left(\frac{\partial}{\partial x} + i\frac{\partial}{\partial y} \right) \tag{2.8}$$

と定義すると，(2.7) は

$$\frac{\partial f}{\partial \bar{z}}(z_0) = 0 \tag{2.9}$$

と書き換えられ，さらにこのとき，$f_x(z_0) = if_y(z_0)$ より，

$$\frac{\partial f}{\partial z}(z_0) = \frac{1}{2}\{f_x(z_0) + if_y(z_0)\} = f_x(z_0)(= a + ib)$$

となる．これは (2.6) の変形を考えると，

$$f'(z_0) = \frac{\partial f}{\partial z}(z_0)$$

を意味している．以上から，$f(z)$ が $z = z_0$ で微分可能ならば，f は $z = z_0$ で全微分可能で，かつ (2.9) を満たすことがわかった．

逆に f がこの二条件を $z = z_0$ において満たすとき，(2.6) に (2.9) を考慮すれば (2.5) が簡単に得られる．よって次の主張が確認されたことになる．

定理 2.1 領域 $D \subset \mathbb{C}$ で定義された関数 f が $z = z_0$ で微分可能であるための必要十分条件は，f が $z = z_0$ で全微分可能で，かつ (2.9) を満たすことである．

(2.9) は $f = u + iv$ と f の実部 u と虚部 v を用いると，

$$u_x(z_0) = v_y(z_0), \quad u_y(z_0) = -v_x(z_0) \tag{2.10}$$

になる．これはコーシー–リーマン（**Cauchy–Riemann**）の関係式と呼ばれるものである．したがって定理 2.1 は換言すれば，f が $z = z_0$ で微分可能であるための必要十分条件は，f が $z = z_0$ で全微分可能で，かつコーシー–リーマンの関係式を満たす，ということになる．

系 2.1 領域 $D \subset \mathbb{C}$ 上の各点で微分可能な関数 f の実部（または虚部）が定数ならば f も定数である．

[証明] $f = u + iv$ とする．実部 u は定数であるから，$u_x = u_y = 0$．コーシー–リーマンの関係式より，$v_x = v_y = 0$．平均値の定理を用いれば v も定数であることがわかる．したがって f も定数である． $\square$

2.2 正則関数

（複素）微分可能な関数の基本的な事項を解説する．

定義 2.1 D を $\mathbb{C}$ 内の領域とする．D 上で定義された関数 f が D の各点で微分可能であるとき，f は D で正則（**holomorphic** または **analytic**）という．

微分作用素 $\frac{\partial}{\partial z}$，$\frac{\partial}{\partial \bar{z}}$ について．(2.8) で 2 つの微分作用素を定義したが，これについていくつかコメントする．まず，C^1 級の関数 f の全微分の式

$$df = f_x dx + f_y dy$$

は $dz = dx + idy$, $d\bar{z} = dx - idy$ とおくと,

$$df = \frac{\partial}{\partial z}f d\bar{z} + \frac{\partial}{\partial \bar{z}}f d\bar{z}$$

の形になることが容易に確かめられる. このことから, 実数 $t \in (a,b)$ をパラメータに持つ $z(t)$ に対し, $z(t)$ が C^1 級ならば, $f(z(t))$ も t について C^1 級で

$$\frac{df(t)}{dt} = \frac{\partial f}{\partial z}(z(t))z'(t) + \frac{\partial f}{\partial \bar{z}}(z(t))\overline{z'(t)}$$

が得られる. また, z が複素数 w をパラメータとして $z = z(w)$ と書けているとき,

$$\frac{\partial f(z(w))}{\partial w} = \frac{\partial f}{\partial z}(z(w))\frac{\partial z}{\partial w}(w) + \frac{\partial f}{\partial \bar{z}}(z(w))\frac{\partial \bar{z}}{\partial w}(w),$$

$$\frac{\partial f(z(w))}{\partial \bar{w}} = \frac{\partial f}{\partial z}(z(w))\frac{\partial z}{\partial \bar{w}}(w) + \frac{\partial f}{\partial \bar{z}}(z(w))\frac{\partial \bar{z}}{\partial \bar{w}}(w)$$

が成り立つこともわかる. (2.9) から, 特に f が $z = z_0$ で微分可能で $z = g(w)$ が $w = w_0$ で微分可能, かつ $z_0 = g(w_0)$ ならば, 合成関数 $f(g(w))$ も微分可能で,

$$(f \circ g)'(w_0) = f'(z_0)g'(w_0)$$

が成り立つ.

また

$$\frac{\partial \bar{f}}{\partial z} = \frac{1}{2}\left(\frac{\partial \bar{f}}{\partial x} - i\frac{\partial \bar{f}}{\partial y}\right) = \frac{1}{2}\overline{\left(\frac{\partial f}{\partial x} + i\frac{\partial f}{\partial y}\right)} = \overline{\left(\frac{\partial f}{\partial \bar{z}}\right)},$$

$$\frac{\partial \bar{f}}{\partial \bar{z}} = \frac{1}{2}\left(\frac{\partial \bar{f}}{\partial x} + i\frac{\partial \bar{f}}{\partial y}\right) = \frac{1}{2}\overline{\left(\frac{\partial f}{\partial x} - i\frac{\partial f}{\partial y}\right)} = \overline{\left(\frac{\partial f}{\partial z}\right)}$$

ということがわかる. 特に $f(z)$ が正則関数ならば,

$$\frac{\partial \bar{f}}{\partial z} = \overline{\left(\frac{\partial f}{\partial \bar{z}}\right)} = 0, \quad \frac{\partial \bar{f}}{\partial \bar{z}} = \overline{\left(\frac{\partial f}{\partial z}\right)} = \bar{f}'$$

が定義域の各点で成り立つ. 例えば

$$\frac{\partial \bar{z}}{\partial z} = 0, \quad \frac{\partial \bar{z}}{\partial \bar{z}} = 1$$

となる. また, $\alpha > 1$ に対し $f(z) = z|z|^{\alpha-1}$ のとき, $f(z) = z(|z|^2)^{\frac{\alpha-1}{2}} = z(z\bar{z})^{\frac{\alpha-1}{2}} = z^{\frac{\alpha+1}{2}}\bar{z}^{\frac{\alpha-1}{2}}$ より,

$$\frac{\partial f}{\partial z} = \frac{\alpha+1}{2}z^{\frac{\alpha-1}{2}}\bar{z}^{\frac{\alpha-1}{2}} = \frac{\alpha+1}{2}|z|^{\alpha-1},$$

$$\frac{\partial f}{\partial \bar{z}} = \frac{\alpha-1}{2}z^{\frac{\alpha+1}{2}}\bar{z}^{\frac{\alpha-3}{2}} = \frac{\alpha-1}{2}|z|^{\alpha-1}\frac{z}{\bar{z}}$$

を得る.

正則関数のヤコビ行列. $f = u + iv$ が正則であるとき, そのヤコビ (**Jacobi**)

行列 J_f

$$J_f = \begin{pmatrix} \frac{\partial u}{\partial x} & \frac{\partial u}{\partial y} \\ \frac{\partial v}{\partial x} & \frac{\partial v}{\partial y} \end{pmatrix}$$

を考える．これはコーシー–リーマンの関係式を用いると，

$$J_f = \begin{pmatrix} \frac{\partial u}{\partial x} & \frac{\partial u}{\partial y} \\ -\frac{\partial u}{\partial y} & \frac{\partial u}{\partial x} \end{pmatrix}$$

となり，J_f は直行行列となっており，その行列式は

$$\det J_f = \left(\frac{\partial u}{\partial x} \right)^2 + \left(\frac{\partial u}{\partial y} \right)^2 = |f'|^2$$

である．よって，f が C^1 級で，$f'(z_0) \neq 0$ ならば $\det J_f(z_0) \neq 0$ であるから，逆写像の定理より，実2次元の写像とみて f の逆写像 f^{-1} が $w_0 = f(z_0)$ のある近傍で存在し，f^{-1} も C^1 級になる．

さらに f^{-1} のヤコビ行列は $J_f{}^{-1}$ で与えられる．すなわち，

$$J_{f^{-1}} = (\det J_f)^{-2} \begin{pmatrix} \frac{\partial v}{\partial y} & -\frac{\partial u}{\partial y} \\ -\frac{\partial v}{\partial x} & \frac{\partial u}{\partial x} \end{pmatrix}.$$

これより，f^{-1} が w_0 においてコーシー–リーマンの関係式をみたすことがわかる．f^{-1} は C^1 級であり，したがって全微分可能であるから，f^{-1} は w_0 で微分可能である．

このことは $f(z) = e^z$ に適用できる．実際，

$$f'(z) = (e^z)' = e^z = e^x e^{iy} \quad (z = x + iy)$$

であるから，$|f'(z)| = e^x \neq 0$．よって，e^z の局所的な逆関数 $\log z$ も $z \neq 0$ において局所的に微分可能である．

例題 2.1　極座標 $x = r \cos \theta, y = r \sin \theta$ に対し，$z = x + iy$ の関数 $f(z) = u(z) + iv(z)$ のコーシー–リーマンの関係式は，

$$r \frac{\partial u}{\partial r} = \frac{\partial v}{\partial \theta}, \quad r \frac{\partial v}{\partial r} = -\frac{\partial u}{\partial \theta} \tag{2.11}$$

となることを示せ．

[**解答 1**]　変数変換による偏微分の公式を用いると，

$$\frac{\partial}{\partial r} = \cos \theta \frac{\partial}{\partial x} + \sin \theta \frac{\partial}{\partial y}, \quad \frac{\partial}{\partial \theta} = -r \sin \theta \frac{\partial}{\partial x} + r \cos \theta \frac{\partial}{\partial y}.$$

よって，

$$\frac{\partial u}{\partial x} = \frac{\partial v}{\partial y}, \quad \frac{\partial u}{\partial y} = -\frac{\partial v}{\partial x}$$

ならば

$$r\frac{\partial u}{\partial r} = r\cos\theta\frac{\partial v}{\partial y} - r\sin\theta\frac{\partial v}{\partial x} = \frac{\partial v}{\partial\theta},$$

$$r\frac{\partial v}{\partial r} = -r\cos\theta\frac{\partial u}{\partial y} + r\sin\theta\frac{\partial u}{\partial x} = -\frac{\partial u}{\partial\theta}$$

となって (2.11) が成り立つことがわかる.

また, この計算を逆にたどれば, (2.11) からコーシー–リーマンの関係式も得られる. (終)

[解答 2] 微分作用素 $\frac{\partial}{\partial z}, \frac{\partial}{\partial\bar{z}}$ を用いて解いてみよう.

コーシー–リーマンの関係式は

$$\frac{\partial f}{\partial\bar{z}} = 0$$

と同値であった. また, 偏微分の合成則を用いると,

$$0 = \frac{\partial f}{\partial\bar{z}} = \frac{\partial f}{\partial r}\frac{\partial r}{\partial\bar{z}} + \frac{\partial f}{\partial\theta}\frac{\partial\theta}{\partial\bar{z}} \tag{2.12}$$

を得る. ここで $\log z = \log r + i\theta$ が微分可能であったことを思い出そう. すると,

$$0 = \frac{\partial}{\partial\bar{z}}\log z = \frac{\partial}{\partial\bar{z}}\log r + i\frac{\partial}{\partial\bar{z}}\theta.$$

$r^2 = z\bar{z}$ であるから, $\log r = \frac{1}{2}\log r^2 = \frac{1}{2}(\log z + \log\bar{z})$.

$$\therefore\quad \frac{\partial}{\partial\bar{z}}\log r = \frac{1}{2}\left(\frac{\partial}{\partial\bar{z}}\log z + \frac{\partial}{\partial\bar{z}}\log\bar{z}\right) = \frac{1}{2}\bar{z}^{-1}.$$

$$\therefore\quad \frac{\partial}{\partial\bar{z}}\theta = -i\frac{\partial}{\partial\bar{z}}\log r = -\frac{i}{2}\bar{z}^{-1}.$$

$$\frac{\partial}{\partial\bar{z}}r^2 = 2r\frac{\partial}{\partial\bar{z}}r.$$

一方 $r^2 = z\bar{z}$ より

$$\frac{\partial}{\partial\bar{z}}r^2 = z.$$

よって

$$\frac{\partial}{\partial\bar{z}}r = \frac{1}{2}\frac{z}{r} = \frac{1}{2}\frac{zr}{r^2} = \frac{1}{2}\frac{r}{\bar{z}}.$$

これらを (2.12) に代入すると,

$$0 = \frac{1}{2}\left(\bar{z}^{-1}r\frac{\partial f}{\partial r} - i\bar{z}^{-1}\frac{\partial f}{\partial\theta}\right) = \frac{1}{2\bar{z}}\left(r\frac{\partial f}{\partial r} - i\frac{\partial f}{\partial\theta}\right).$$

これを $f = u + iv$ とおいて, 実部と虚部ごとに考えれば, 求める関係式を得る. (終)

[解答 3] $z_0 = r_0 e^{i\theta_0}$ において図 2.1 の座標系 (s, t) で,

$$w = s + ti = (z - z_0)e^{i\theta_0}$$

とおく．したがって，

$$z = e^{-i\theta_0}w + z_0.$$

一方で，z は w の正則関数で $z = z_0 \iff w = 0$ であるから，$f(z)$ を w で表した $g(w) = f(z(w))$ も $w = 0$ で微分可能である．よって $g = U + iV$ に対してコーシー–リーマンの関係式

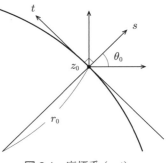

図 2.1 座標系 (s, t).

$$\frac{\partial U}{\partial s} = \frac{\partial V}{\partial t}, \quad \frac{\partial U}{\partial t} = -\frac{\partial V}{\partial s} \tag{2.13}$$

が成立する．s 方向の偏微分は r 方向の偏微分である．t 方向の偏微分を考える．

図 2.2 のような t は $t = r_0 \tan(\theta - \theta_0)$ と書ける．したがって

$$\frac{\partial}{\partial \theta}\bigg|_{\theta=\theta_0} = \frac{\partial}{\partial t}\bigg|_{t=0} \times r_0$$

となる．よって

$$\frac{\partial}{\partial t}\bigg|_{t=0} = r_0^{-1}\frac{\partial}{\partial \theta}\bigg|_{\theta=\theta_0}.$$

これよりただちに (2.13) から (2.11) が得られる．（終）

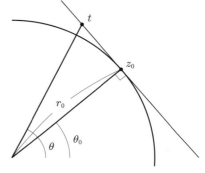

図 2.2　$t = r_0 \tan(\theta - \theta_0)$.

例題 2.2　$R(z)$, $\Phi(z)$ を $\mathbb{C}$ 内の領域 D 上の実数値 C^1 級関数とする．このとき，$R(z) \neq 0$ なら，$f(z) = R(z)e^{i\Phi(z)}$ が D 上で正則であるための必要十分条件は，

$$\frac{1}{R}\frac{\partial}{\partial \bar{z}}R = -i\frac{\partial}{\partial \bar{z}}\Phi$$

であることを証明せよ．

[解答]（必要性）　$f(z)$ を正則関数とする．仮定より $R(z) \neq 0$ であるから，$g(z) = \log f(z)$ は D の各点で局所的に正則である．よって

$$0 = \frac{\partial g}{\partial \bar{z}} = \frac{\partial}{\partial \bar{z}}\left\{\log R(z) + i\Phi(z)\right\}.$$

$\frac{\partial}{\partial \bar{z}}\log R(z) = \frac{1}{R(z)}\frac{\partial}{\partial \bar{z}}R(z)$ であるから，$\frac{1}{R(z)}\frac{\partial}{\partial \bar{z}}R(z) = -i\frac{\partial}{\partial \bar{z}}\Phi$ を得る．
（十分性）　上の計算から条件式が成り立っていれば，$g(z) = \log f(z)$ は D の各点で局所的に微分可能である．したがって，$f(z) = e^{g(z)}$ もそうである．（終）

関数 $f = u + iv$ が領域 D で正則で，さらに C^2 級であると仮定する．この

とき，コーシー–リーマンの関係式を使うと，

$$\frac{\partial^2 u}{\partial x^2} = \frac{\partial}{\partial x}\left(\frac{\partial u}{\partial x}\right) = \frac{\partial}{\partial x}\left(\frac{\partial v}{\partial y}\right) = \frac{\partial}{\partial y}\left(\frac{\partial v}{\partial x}\right) = -\frac{\partial}{\partial y}\left(\frac{\partial u}{\partial y}\right) = -\frac{\partial^2 u}{\partial y^2}$$

となり，ラプラシアン $\Delta = \frac{\partial^2}{\partial x^2} + \frac{\partial^2}{\partial y^2}$ に対し D 上で

$$\Delta u = \frac{\partial^2}{\partial x^2}u + \frac{\partial^2}{\partial y^2}u = 0$$

である．

v についても全く同じ計算で $\Delta v = 0$ であることがわかる．一般に x, y の C^2 級の関数 $u(x, y)$ について，$\Delta u = 0$ を満たすものを**調和関数**（harmonic function）という．以上から，正則関数の実部，虚部はそれが C^2 級であるならば[*1]調和関数であることがわかった．今度はこの逆を考える．すなわち，実数値調和関数はある正則関数の実部になるか，という問題を考える．

答えを言ってしまうと No である．以下のような反例がある．

$D = \{0 < |z| < 1\}$, $u(z) = \log|z|$ とする．u は D において調和である．これは直接計算でも確かめられるが，u が $\mathbb{C}^*(= \mathbb{C} - \{0\})$ において局所的に正則である $\log z$ の実部であることからもわかる．u が D での正則関数 f の実部であったとする．$\widetilde{D} := D - \{-1 < z \leqslant 0\}$ とおくと，f は $\widetilde{D}$ においても正則である．$z \in \widetilde{D}$ に対し，

$$g(z) = \log|z| + i\arg z$$

とおく．ただし $-\pi < \arg z < \pi$ と定める．すると g も $\widetilde{D}$ で正則になる．ここで $h(z) = f(z) - g(z)$ とすると，h の実部は恒等的に 0 になる．したがって系 2.1 より h は $\widetilde{D}$ で定数となる．よって，ある $c \in \mathbb{C}$ が存在して，

$$f(z) = g(z) + c \quad (z \in \widetilde{D})$$

となる．しかし $g(z)$ は D まで連続には拡張できない．これは矛盾である．したがって u は D 内の正則関数の実部にはなり得ない．しかし，次のことが成り立つ．

> **定理 2.2** $D \subset \mathbb{C}$ を単連結領域，u を D 上で定義された実数値調和関数とする．このとき，D 上で定義された正則関数で，u を実部にもつものが存在する．

[証明] $z_0 \in D$ を1つ取って固定する．D 上の関数 v を

$$v(z) = \int_{z_0}^{z}(-u_y)dx + u_x dy$$

で定める．この意味は，z_0 と z を結ぶ滑らかな D 内の曲線 $\alpha(t) = x(t) +$

---

*1) のちに述べるように，C^2 級という仮定は不要である．

$iy(t)$ $(0 \leqslant t \leqslant 1, \alpha(0) = z_0, \alpha(1) = z)$ に対して，

$$v(z) = \int_0^1 (-u_y(\alpha(t))x'(t) + u_x(\alpha(t))y'(t))dt \tag{2.14}$$

によって定義するということである[*2]．ストークスの定理と $\Delta u = u_{xx} + u_{yy} = 0$ を用いれば，関数 v が well-defined，すなわち，z_0 と z を結ぶ曲線の取り方によらないことがわかる．実際，α と β を z_0 と z を結ぶ 2 つの D 内の曲線とする．α, β は図 2.3 のようなものとして一般性を失わない．

さらに，D は単連結であるから，α と β で囲まれた集合 G は D 内の部分集合である．また G の境界 ∂G は $\partial G = \alpha - \beta$ と書けるから，ストークスの公式から

$$\int_{\alpha - \beta} (-u_y dx + u_z dy)$$
$$= \int_{\partial G} (-u_y dx + u_x dy)$$
$$= \iint_G (u_{xx} + u_{yy}) dx dy = 0$$

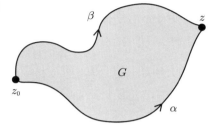

図 2.3　関数 v は z と z_0 を結ぶ曲線の取り方によらない．

を得る．これは $\int_\alpha (-u_y dx + u_x dy) = \int_\beta (-u_y dx + u_x dy)$ を意味する．つまり，v は α, β の取り方によらないことが証明された．

ここで (2.14) を用いると容易に，

$$u_x = v_y, \quad u_y = -v_x,$$

すなわち，$f = u + iv$ がコーシー–リーマンの関係式を満たしていることがわかる．明らかに f は C^1-級であるから，全微分可能である．したがって定理 2.1 から f は D で正則である．　　　　　　　　　　□

先にあげた $D = \{0 < |z| < 1\}$ で $u(z) = \log|z|$ の場合は，D は単連結ではないから，実際に定理 2.2 において D の単連結性の仮定は必要である．しかし，D の各点の近傍として単連結なものが取れるから，調和関数は"局所的に"正則関数の実部と見ることができる．このことから，次のことが直ちにしたがう．

系 2.2　u を領域 $D \subset \mathbb{C}$ 上の調和関数，f を領域 $D' \subset \mathbb{C}$ 上の正則関数で $f(D') \subset D$ なるものとする．このとき $U := u \circ f$ は D' で調和である．

[証明]　$z_0 \in D'$ を任意にとる．U が z_0 で調和であればよい．u は D で調和であるから，上で見たように，$w_0 = f(z_0)$ のある近傍 N において，ある正則関数 g が存在して，$u = \operatorname{Re} g$ となっている．よって z_0 のある近傍において $U = u \circ f = \operatorname{Re}(g \circ f)$ である．関数 f, g ともに正則であるから，$g \circ f$ も正則

[*2]　積分 (2.14) は 3.1 節で線積分として改めて解説する．

である．したがって，その実部である U は調和である．　　　　　　□

　$U = u \circ f$ が調和であることを直接計算で確かめるには，U のラプラシアンを計算する必要がある．実際にこの系においても f が正則関数であり，したがってコーシー–リーマンの関係式を満たしているということから，$\Delta U = 0$ を示すことはできる．ここでは，調和関数の 2 次元的特質を用いて，計算を用いずに証明している．

2.3 正則関数の等角性

　f を複素平面 $\mathbb{C}$ 内の領域 D で定義された正則関数とする．ある点 $z_0 \in D$ での f の微分 $f'(z_0)$ は

$$f'(z_0) = \lim_{h \to 0} \frac{1}{z - z_0} \{f(z) - f(z_0)\} \tag{2.15}$$

で定義されている．ここで，$f'(z_0) \neq 0$ と仮定し，$z = z_0$ を通る曲線 C_1, C_2 を考える．さらに C_1, C_2 は z_0 において接線を持つと仮定する（図 2.4）．C_1, C_2 の z_0 での接線ベクトルの偏角をそれぞれ θ_1, θ_2 とすると，θ_1, θ_2 は

$$\lim_{C_j \ni z \to z_0} \arg(z - z_0) = \theta_j \quad (j = 1, 2) \tag{2.16}$$

によって与えられる．一方，(2.15) より，

$$\frac{f(z) - f(z_0)}{z - z_0} \to f'(z_0)\,(\neq 0) \quad (z \to z_0)$$

であったから，偏角を考えて，

$$\arg(f(z) - f(z_0)) - \arg(z - z_0) \to \arg f'(z_0) \tag{2.17}$$

を得る．(2.17) において，z をそれぞれ曲線 C_1, C_2 上から z_0 に近づければ，共に同じ $\arg f'(z_0)$ を極限値として持つから，(2.16) と合わせて，

$$\lim_{c_1 \ni z \to z_0} \arg(f(z) - f(z_0)) - \lim_{c_2 \ni z \to z_0} \arg(f(z) - f(z_0)) = \theta_1 - \theta_2 \tag{2.18}$$

を得る．

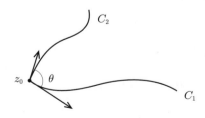

図 2.4　2 つの曲線の接線.

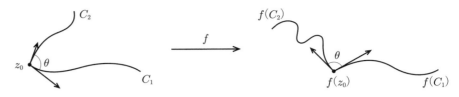

図 2.5 写像の等角性.

$z \in C_j$ ならば, $f(z) \in f(C_j)$ であり $(j = 1, 2)$. したがって (2.16) と同様,

$$\lim_{C_j \ni z \to z_0} \arg(f(z) - f(z_0))$$

は曲線 $f(C_j)$ の $f(z_0)$ 列における接線の角度であることが分かる. したがって, (2.18) は $f(C_1)$ と $f(C_2)$ のその交点 $f(z_0)$ における両者の接線のなす角が, 元の曲線 C_1, C_2 のなす角に等しいことを示している. 一般に, 2 つの滑らかな曲線が交わっているとき, その交角は交点における接線のなす角で定義される. したがって, 正則関数 f で $f'(z_0) \neq 0$ ならば, 点 z_0 で交わる 2 つの曲線を f で写したとき, その交角は元の曲線の交角に等しいということになる.

このように接線の交角を変えない性質を**等角性**という (図 2.5). 以上まとめると以下を得る.

> **定理 2.3** 領域 $D \subset \mathbb{C}$ で定義された正則関数 f が, ある $z_0 \in D$ において $f'(z_0) \neq 0$ ならば, f は $z = z_0$ において等角である.

> **例題 2.3** f を領域 D で定義された正則関数とする. D 上で f の絶対値 $|f|$ が定数ならば, f も定数であることを示せ.

[解答] 任意の $z \in D$ に対して $|f(z)| = R$ であったとする. このとき, $R = 0$ ならば, $f \equiv 0$ である. よって $R > 0$ と仮定する.

[解答 1] 任意の $z \in D$ に対して $f'(z_0) = 0$ を示す. 背理法で示す. ある $z_0 \in D$ で $f'(z_0) \neq 0$ であったとする. このとき, z_0 において直交する 2 つの線分 L_1, L_2 を $L_1, L_2 \subset D$ となるようにとる (図 2.6 左). $f'(z_0) \neq 0$ であったから, 定理 2.3 より, f は $z = z_0$ で等角である. しかし, 仮定より, $|f(z)| = R$ であったから, $f(L_1)$ と $f(L_2)$ の $f(z_0)$ における交角は 0 または π である (図 2.6 右). これは矛盾. (終)

[解答 2] $f = u + iv$ とおくと,

$$R^2 = |f(z)|^2 = u(z)^2 + v(z)^2.$$

この両辺をそれぞれ x, y で偏微分してコーシー–リーマンの関係式を用いると,

$$0 = u(z)u_x(z) + v(z)v_x(z), \tag{2.19}$$

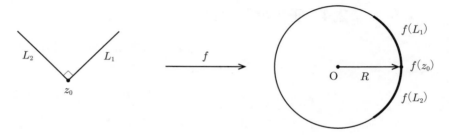

図 2.6　例題 2.3 の［解答 1］の f による変換.

$$0 = u(z)u_y(z) + v(z)v_y(z) = -u(z)v_x(z) + v(z)u_x(z) \qquad (2.20)$$

を得る．よって，$(2.19) \times u(z) + (2.20) \times v(z)$ より

$$(u(z)^2 + v(z)^2)u_x(z) = R^2 u_x(z) = 0$$

を得る．したがって $u_x(z) = 0$. 同様にして $v_x(z) = 0$ も得られる．よって コーシー–リーマンの関係式を再び用いると，任意の $z \in D$ に対して，$u_x(z) = u_y(z) = v_x(z) = v_y(z) = 0$ を得る．これは $f = u + iv$ が定数であることを意 味している．（終）

［**解答 3**］　$z_0 \in D$ を任意に取り固定する．このとき，$f(z_0) = R$ としても一 般性を失わない．f は D で正則であったから，特に連続である．したがって， $0 < \varepsilon < \pi$ となるように ε を十分小にとると，f の連続性から，ある $\delta > 0$ が とれて，

$$\Delta(z_0; \delta) = \{z \in \mathbb{C} \mid |z - z_0| < \delta\} \subset D$$

かつ

$$f(\Delta(z_0; \delta)) \subset \{\xi \in \mathbb{C} \mid |\xi| = R, |\arg \xi| < \varepsilon\}$$

を満たすようにできる．よって，$\Delta(z_0; \delta)$ で定義された関数 Φ が存在して，任 意の $z \in \Delta(z_0; \delta)$ に対し，

$$f(z) = Re^{i\Phi(z)}, \quad \Phi(z) \subset (-\varepsilon, \varepsilon)$$

が成り立つようにできる．ここで例題 2.2 を用いると，f は正則であるから， コーシー–リーマンの関係式を満たす．例題 2.2 の計算より（R が定数ゆえ）

$$0 = \frac{1}{R}\frac{\partial}{\partial \bar{z}}R = -i\frac{\partial}{\partial \bar{z}}\Phi$$

を得る．これより $\Phi_x = \Phi_y \equiv 0$ を得る．特に $f'(z_0) = 0$ である．$z_0 \in D$ は任 意であったから，f は D 上で定数．（終）

2.4 正則関数の例

ここでは，いくつか簡単な正則関数の例をあげる．まず，次のことに注意する．ただし，証明は簡単なので省略する．

> **補題 2.1** f_1, f_2 をそれぞれ $\mathbb{C}$ 内の領域 D_1, D_2 上の正則関数とし，合成 $f_1 \circ f_2$ が定義されるとする．このとき，$f_1 \circ f_2$ は D_2 上の正則関数となる．

z の多項式は，容易にわかるように $\mathbb{C}$ 上で正則であり，$\frac{1}{z}$ は $z \neq 0$ 以外で正則であるから，有理式 $\frac{P(z)}{Q(z)}$（$P(z)$, $Q(z)$ は互いに共通因子を持たない多項式で $Q \not\equiv 0$）は $Q(z) = 0$ なる z を除き正則である．また，指数関数 e^z も $\mathbb{C}$ 上正則であるから，多項式 $P(z)$ に対して，$e^{P(z)}$ も $\mathbb{C}$ 上で正則である．さらに対数関数 $\log z$ は $-\pi < \arg z < \pi$ で一価正則であったから，ある領域 D で定義された正則関数 f が任意の $z \in D$ に対して $-\pi < \arg f(z) < \pi$ を満たすならば，$\log f(z)$ も D で正則になる．

正則関数の非自明な例として，**巾級数**（power series）がある．これは，ある $a \in D$ と級数 $\{c_n\}_{n=0}^{\infty}$ を用いて，

$$P_a(z) = \sum_{n=0}^{\infty} c_n (z-a)^n \tag{2.21}$$

と表されるものである．これを a を**中心とする巾級数**と呼ぶ．これについて，以下のことが成立する．

> **定理 2.4** $P_a(z)$ を (2.21) で与えられる巾級数とする．R ($0 \leqslant R \leqslant +\infty$) を
>
> $$\frac{1}{R} = \varlimsup_{n \to \infty} \sqrt[n]{|c_n|} \tag{2.22}$$
>
> とおくと，$P_a(z)$ は $\Delta(a; R) = \{z \in \mathbb{C} \mid |z-a| < R\}$ において絶対かつ広義一様収束し，正則である．また $\Delta(a; R)$ の外部，すなわち，$|z-a| > R$ なる z に対しては，$P_a(z)$ は発散する．ただし $\varlimsup_{n \to \infty}$ は**上極限**を表し，(2.22) の右辺が 0 のときは $R = +\infty$ と定め，∞ のときは $R = 0$ と定める．

証明には上極限についての理解が必要で，そのためやや複雑になる．ここでは上極限ではなく，極限値で正である場合，すなわち，$R \neq 0, +\infty$ で，

$$\frac{1}{R} = \lim_{n \to \infty} \sqrt[n]{|c_n|} \tag{2.23}$$

のときの証明を与える（(2.22) の場合も証明の基本的な考え方は変わらない）．

$|z-a| < R$ とする．(2.23) より，任意の $\varepsilon > 0$ に対して，ある $N \in \mathbb{N}$ が存在して，$n \geqslant N$ に対し $\left| \sqrt[n]{|c_n|} - \frac{1}{R} \right| < \varepsilon$ が成り立つ．これは以下のように書き替えられる．

$$\left|\sqrt[n]{|c_n|} - \frac{1}{R}\right| < \varepsilon \Longleftrightarrow \frac{1}{R} - \varepsilon < \sqrt[n]{|c_n|} < \frac{1}{R} + \varepsilon$$

$$\Longleftrightarrow \left(\frac{1}{R} - \varepsilon\right)^n < |c_n| < \left(\frac{1}{R} + \varepsilon\right)^n. \qquad (2.24)$$

$$(\frac{1}{R} - \varepsilon > 0 \text{ となるように } \varepsilon > 0 \text{ をとる})$$

ゆえに, $n \geqq N$ のとき,

$$|c_n(z-a)^n| < \left(\frac{1}{R} + \varepsilon\right)^n |z-a|^n = \left(\frac{|z-a|}{R} + \varepsilon|z-a|\right)^n. \quad (2.25)$$

また, $|z-a| < R$ であったから, $\frac{|z-a|}{R} < 1$. したがって $\varepsilon > 0$ を十分小に とって, $r := \frac{|z-a|}{R} + \varepsilon|z-a| < 1$ とすることができる. $0 < r < 1$ であるから, (2.25) の右辺の和は収束する. したがって, $P_a(z)$ は絶対収束している. また, この級数が $\Delta(a; R)$ で広義一様収束していることも同時にわかる (省詳略).

次に $|z-a| > R$ のときを考える. このとき (2.24) の左側の不等式より,

$$\left(\frac{|z-a|}{R} - \varepsilon|z-a|\right)^n < |c_n(z-a)^n|$$

が得られる. $|z-a| > R$ より, $\varepsilon > 0$ を十分小にとれば

$$\frac{|z-a|}{R} - \varepsilon|z-a| > 1$$

とすることができる. したがって, $|c_n(z-a)^n|$ は $n \to \infty$ のとき 0 に収束しない. よって $P_a(z)$ は $|z-a| > R$ のとき発散する.

次に $P_a(z)$ が $\Delta(a; R)$ で正則であることを以下の順序で示す.

(1) $Q_a(z) = \sum_{n=1}^{\infty} nc_n(z-a)^{n-1}$ とおき, $Q_a(z)$ が $\Delta(a; R)$ で絶対かつ広義一様収束することを示す.

(2) $P_a(z)$ の微分が $Q_a(z)$ であることを示す.

(1) は $\sqrt[n]{n} \to 1$ を用いると,

$$\varlimsup_{n\to\infty} \sqrt[n-1]{n|c_n|} = \lim_{n\to\infty} \sqrt[n]{|c_n|}$$

が示されることから前段の結果よりしたがう.

(2) は

$$(z-a+h)^n - (z-a)^n = h\{(z-a)^{n-1} + (z-a)^{n-2}(z-a+h) + \cdots$$
$$+ (z-a)(z-a+h)^{n-2} + (z-a+h)^{n-1}\}$$

に注意して, $z, z+h \in \Delta(a; R)$ であればこの級数が $\Delta(a; R)$ で絶対収束することから和の項の順序を変えて,

$$\frac{1}{h}\{P_a(z+h) - P_a(z)\} = \frac{1}{h}\sum_{n=1}^{\infty} c_n\{(z-a+h)^n - (z-a)^n\}$$

$$= \sum_{n=1}^{\infty} c_n \{(z-a)^{n-1} + (z-a)^{n-2}(z-a+h) + \cdots$$
$$+ (z-a)(a-z+h)^{n-2} + (z-a+h)^{n-1}\} \tag{2.26}$$

を得る．ここで，

$$|c_n\{(z-a)^{n-1} + (z-a)^{n-2}(z-a+h) + \cdots$$
$$+ (z-a)(z-a+h)^{n-2} + (z-a+h)^{n-1}\}|$$
$$\leqslant n|c_n|(\max\{|z-a|, |z-a+h|\})^n < n|c_n|R^n$$

であるから，上記 (1) の議論より式 (2.26) で与えられる級数は h の関数とみて一様収束している．よって $n \to \infty$ の極限において和と極限が交換できる．これより，

$$P_a'(z) = \lim_{h \to 0} \frac{1}{h}\{P_a(z+h) - P_a(z)\} = Q_a(z)$$

が得られる．

定義 2.2 巾級数 $P_a(z) = \sum_{n=0}^{\infty} c_n(z-a)^n$ に対して，(2.23) で与えられる R を $P_a(z)$ の**収束半径**という．また，$\Delta(a; R)$ を P_a の**収束円板**という．

例題 2.4 z に関する以下の級数が収束する範囲を求めよ．

(a) $\displaystyle\sum_{n=0}^{\infty} \frac{z_n}{(n+1)(n+2)}$. (b) $\displaystyle\sum_{n=1}^{\infty} \frac{1}{n^2 \cdot 3^n}\left(\frac{z+1}{z-1}\right)^n$.

[解答] (a) z の巾級数であるから，収束半径 R を求める．(2.23) より

$$\frac{1}{R} = \overline{\lim_{n \to \infty}} \sqrt[n]{\frac{1}{(n+1)(n+2)}}$$

である．$\displaystyle\lim_{n \to \infty} \sqrt[n]{n} = 1$ を用いると，$R = 1$ であることがわかる．よって $\{z \in \mathbb{C} \mid |z| < 1\}$ では収束し，$\{z \in \mathbb{C} \mid |z| > 1\}$ では発散する．一方，$|z| = 1$ では，

$$\left|\frac{z^n}{(n+1)(n+2)}\right| = \frac{|z|^n}{(n+1)(n+2)} = \frac{1}{(n+1)(n+2)} = \frac{1}{n+1} - \frac{1}{n+2}.$$

よって

$$\sum_{n=0}^{\infty}\left|\frac{z^n}{(n+1)(n+2)}\right| = \sum_{n=0}^{\infty}\left(\frac{1}{n+1} - \frac{1}{n+2}\right) = \frac{1}{2} - \frac{1}{N+2} \to \frac{1}{2} \quad (N \to \infty)$$

となり，この級数は $|z| = 1$ のとき絶対収束する．

以上により，$\{z \in \mathbb{C} \mid |z| \leqslant 1\}$ が収束する範囲である．

(b) $w = \frac{z+1}{z-1}$ とおくと，与えられた級数は，

$$\sum_{n=0}^{\infty} \frac{1}{n^2 \cdot 3^n} w^n$$

となり，w に関する巾級数となる．(2.23) を用いると，収束半径 R は，

$$\frac{1}{R} = \overline{\lim_{n \to \infty}} \sqrt[n]{n^2 \cdot 3^n} = \overline{\lim_{n \to \infty}} \sqrt[n]{n^2} \cdot 3 = 3$$

と計算され，$|w| < \frac{1}{3}$ のとき絶対かつ広義一様収束し，$|w| > \frac{1}{3}$ のとき発散する．また，$|w| = \frac{1}{3}$ のとき，(a) と同様の議論から，巾級数は収束することが分かる．したがって，$|w| \leqslant \frac{1}{3}$ のとき収束し，$|w| > \frac{1}{3}$ のとき発散する．これを z の集合として書き下せばよい．換言すれば，$w = f(z) = \frac{z+1}{z-1}$ としたとき，$|f(z)| < \frac{1}{3}$ および，$|f(z)| > \frac{1}{3}$ となる z の集合を見つければよい．実は，このような集合は例題 1.1 の［解答 2］で行ったような幾何学的考察を用いればやさしい．

$$|f(z)| = \frac{1}{3} \iff \left| \frac{z+1}{z-1} \right| = \frac{1}{3} \iff 3|z+1| = |z-1|$$

である．$|z+1| = |z-(-1)|$ は点 z と -1 との距離であり，$|z-1|$ が点 z と 1 との距離であるから，$|f(z)| = \frac{1}{3}$ を満たす z は，

$\qquad (-1)$ と z の距離 : 1 と z の距離 $= 1 : 3$

という関係にある点である．このような点の集合はアポロニウスの円と呼ばれる円となることが平面幾何により知られている．実際，この円は (-1) と 1 の $1 : 3$ の内分点と外分点，すなわち -2 と $-\frac{1}{2}$ を結ぶ線分を直径とする円 C になる（図 2.7）．

　z が C の内部であれば，$3|z+1| < |z-1| \iff |f(z)| < \frac{1}{3}$，$C$ の外部であれば $3|z+1| > |z-1| \iff |f(z)| > \frac{1}{3}$ である．円 C は中心が $-\frac{5}{4}$，半径 $\frac{3}{4}$ の円であるから，$|z+\frac{5}{4}| = \frac{3}{4}$ と表すことができる．

　以上によって，この級数が収束する範囲は $|z+\frac{5}{4}| \leqslant \frac{3}{4}$ ということになる．（終）

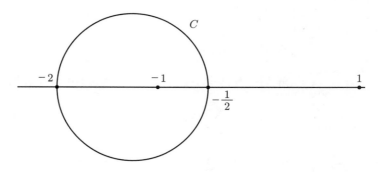

図 2.7　アポロニウスの円.

巾級数はその収束円板の内部では絶対かつ広義一様収束し，外部では発散する．したがって収束円板の境界上での挙動が問題になるが，これは一般に難しい．上の例題の級数は収束円板の境界上でも収束していたが，収束しない場合もある．例えば $\sum_{n=0}^{\infty} z^n$ は，収束半径は 1 であるが，$|z| = 1$ では収束しない．

巾級数の収束円周上の挙動については，ここではあまり立入らず，次のアーベルの定理を紹介するにとどめる．

定理 2.5（アーベル（**Abel**）の定理） $f(z) = \sum_{n=0}^{\infty} c_n z^n$ を収束半径 1 の巾級数とする．もし $z = 1$ の値，$\sum_{n=0}^{\infty} c_n$ が収束するならば，$-1 \leqq x \leqq 1$ で $x \to 1$ のとき $f(x) \to \sum_{n=0}^{\infty} c_n$ である．

巾級数は微分方程式にも応用される．例えば微分方程式

$$f'(z) = f(z), \quad f(0) = 1$$

を考えよう．この解は $f(z) = e^z$ であるが，これを $f(z)$ が巾級数 $\sum_{n=0}^{\infty} c_n z^n$ と表されていると仮定して解くことができる．まず $f(0) = 0$ から $c_0 = 1$ である．さらに収束円内においては，定理 2.5 より

$$f'(z) = \sum_{n=1}^{\infty} n c_n z^{n-1}$$

を得る．これを微分方程式にあてはめると，

$$f(z) = \sum_{n=0}^{\infty} c_n z^n = \sum_{n=1}^{\infty} n c_n z^{n-1}$$

が得られ，$c_{n-1} = n c_n, c_0 = 1$ となる．これより $c_n = \frac{1}{n!}$ となり，

$$f(z) = \sum_{n=0}^{\infty} \frac{z^n}{n!} = e^z$$

でかつ，その収束半径は ∞ となることも分かる．

例題 2.5 巾級数を用いて微分方程式

$$f'(z) = z f(z), \quad f(0) = 1$$

を解け．また，その収束半径を求めよ．

[解答] $f(z) = \sum_{n=0}^{\infty} c_n z^n$ とおく．$f(0) = 1$ より $c_0 = 1$.

$$f'(z) = \sum_{n=1}^{\infty} n c_n z^{n-1} = c_1 + 2 c_2 z + 3 c_3 z^2 + 4 c_4 z^3 + \cdots$$

$$z f(z) = \sum_{n=0}^{\infty} c_n z^{n+1} = \qquad c_0 z + c_1 z^2 + c_2 z^3 + \cdots$$

である．$f'(z)$ と $z f(z)$ の z^n の係数は，$f'(z)$ では $(n+1) c_{n+1}$. 一方，$z f(z)$

では c_{n-1} である．両者は等しいから，

$$c_{n-1} = (n+1)c_{n+1}, \quad \text{または} \quad c_n = (n+2)c_{n+2}$$

という漸化式を得る．また $f'(0) = 0$ であるから，$c_1 = 0$．したがって奇数番の項は $c_{2n+1} = 0$ である．偶数番の項 c_{2n} については，

$$c_{2n} = (2n+2)c_{2n+2}, \quad c_0 = 1.$$

となるが，$b_n = c_{2n}$ とおくと，この式は，

$$b_n = 2(n+1)b_{n+1}, \quad b_0 = 1$$

となる．これより

$$b_n = \frac{1}{(2n)!}$$

であることがわかる．よって，

$$f(z) = \sum_{n=0}^{\infty} \frac{1}{(2n)!} z^{2n} \tag{2.27}$$

を得る．さらに例題 1.5 の解答と同様の議論を行えば，

$$\lim_{n \to \infty} \sqrt[2n]{\frac{1}{(2n)!}} = 0$$

が得られる．これは次のようにしても示される．b_n を上のように $\frac{1}{(2n)!}$ とする．このとき，

$$\log \sqrt[n]{b_n} = \frac{1}{n} \log b_n = \frac{1}{n} \{\log 2 + \log 4 + \cdots + \log 2n\}$$

となる．すなわち，$\log \sqrt[n]{b_n}$ は $\log 2n$ $(n = 1, 2, \cdots)$ で与えられる数列の平均である．ここで ε–δ 論法を用いて得られる事実，数列 a_n が α（$\pm\infty$ も含む）に収束すれば，その n 項の平均も $n \to \infty$ のとき，同じ α に収束する，を使えば，$\sqrt[n]{b_n} \to \infty$ がわかる．したがって $f(z)$ の収束半径も ∞，すなわち，$f(z)$ は $\mathbb{C}$ 全体で正則になる．

実は (2.27) で与えられる $f(z)$ は

$$(2n)! = (2 \cdot 1)(2 \cdot 2) \cdots (2 \cdot n) = 2^n n!$$

に注意すれば，

$$f(z) = \sum_{n=0}^{\infty} \frac{1}{(2n)!} z^{2n} = \sum_{n=0}^{\infty} \frac{1}{n!} \cdot \frac{z^{2n}}{2^n} = \sum_{n=0}^{\infty} \frac{1}{n!} \left(\frac{z^2}{2}\right)^n = e^{\frac{z^2}{2}}$$

と具体的に書ける．（終）

最後に巾級数に関する「一致の定理」を挙げる．

例題 2.6 (1) $f(z) = \sum_{n=0}^{\infty} c_n z^n$ を収束半径が正の巾級数とする. 無限点列 $\{z_k\}_{k=1}^{\infty}$ で, $f(z_k) = 0$, かつ $z_k \to 0 \ (k \to \infty)$ なるものが存在したとすると, $f(z) \equiv 0$ であることを示せ.

(2) f, g を $z = 0$ を中心とする巾級数で, ともに収束半径が正であるとする. このとき, もし f, g の積 $f \cdot g$ が恒等的に 0 ならば, f または g が恒等的に 0 であることを示せ.

[**解答**] (1) $f(z) = \sum_{n=0}^{\infty} c_n z^n$ において, すべての c_n が 0 になることを示せばよい. そうでないとして矛盾をみちびく. $N \in \mathbb{N}$ を $c_n \neq 0$ なる番号 n の最小なものとする. このとき, $f(z)$ は

$$f(z) = c_N z^N + \cdots = z^N (c_N + \cdots)$$

と書ける. ここで, $g(z) = \dfrac{f(z)}{z^N} = c_N + \cdots$ とおくと, $g(z)$ も f と同じ収束半径を持つ巾級数となり, $g(0) = c_N \neq 0$ である. よって g の連続性から, $z = 0$ のある近傍 U で $g(z) \neq 0$ である. 一方, g の取り方より,

$$f(z) = z^N g(z)$$

である. z^N は U 上 $z = 0$ 以外では $\neq 0$ である. したがって z^k と $g(z)$ の積 $f(z)$ も U 内で $z = 0$ 以外では $\neq 0$ である. しかしこれは $f(z_k) = 0$ で $z_k \to 0$ なる無限点列 $\{z_k\}_{k=1}^{\infty}$ の存在に矛盾する. よって, $f(z) \equiv 0$ である.

(2) $f \cdot g = 0$ であるから, $z = 0$ に収束する無限点列 $\{z_k\}_{k=1}^{\infty}$ を取れば $f(z_k)g(z_k) = 0$ である. したがって $f(z_k)$ または $g(z_k)$ が 0 である. よって f または g は無限個の $z_k \ (k = 1, 2, \cdots)$ で 0 になる. よって (1) から f または g が恒等的に 0 になる. (終)

第 3 章
コーシーの積分定理とその応用

本章では，複素解析における基本定理と言うべきコーシーの積分定理について述べ，その応用についていくつか解説する．

3.1　線積分

数学における曲線とは，$\mathbb{R}$ の区間 I で定義された連続写像，またはその像のことを指す．よって複素平面 $\mathbb{C}$ 内の曲線 α とは，区間 $I \subset \mathbb{R}$ 上の連続写像の $\alpha : I \to \mathbb{C}$ であり，各 $t \in I$ に対し，実数値連続関数 x, y を用いて

$$\alpha(t) = x(t) + iy(t)$$

と表される写像またはその像ということになる．ここで，x, y が C^n 級であるとき，α を C^n 級の曲線と呼ぶ．また，1 つの曲線 α が有限個の C^n 級の曲線の和として書けるとき，曲線 α は区分的に C^n 級であるという．もっと正確に言えば，曲線 $\alpha : I \to \mathbb{C}$ が区分的に C^n 級であるとは，区間 I の有限個の部分区間 $I_1, \cdots, I_k$ が存在して，$I = \bigcup_{j=1}^{k} I_j$ かつ I_i と I_j は端点のみを共有し，各 I_i $(i = 1, 2, \cdots, k)$ に対し写像 α の各 I_i への制限 $\alpha \mid_{I_i}$ が I_i を真に含むある開区間で C^n 級となるときである．

曲線 α を定義する区間 I が閉区間 $[t_0, t_1]$ で $\alpha(t_0) = \alpha(t_1)$ となるとき，α は閉曲線と呼ばれ，さらに異なる $t, t' \in (t_0, t_1)$ に対し，

$$\alpha(t), \alpha(t') \neq \alpha(t_0) \text{ かつ } \alpha(t) \neq \alpha(t')$$

であるとき α を単純閉曲線，またはジョルダン（Jordan）閉曲線という．

α を閉区間 $[t_0, t_1]$ で定義された C^1 級の曲線で，f を α 上の連続関数とする．このとき，関数 f の曲線 α に沿っての**線積分** $\int_\alpha f(z)dz$ を

$$\int_\alpha f(z)dz = \int_{t_0}^{t_1} f(\alpha(t))d\alpha(t) = \int_{t_0}^{t_1} f(\alpha(t))(x'(t)dt + iy'(t)dt)$$

で定義する．α が区分的に C^1 級であるときは，α を作る有限個の C^1 級の曲線に沿っての線積分の和として α に沿っての線積分を定める[*1]．

また $|dz|$ による積分 $\int_\alpha f(z)|dz|$ を

$$\int_\alpha f(z)|dz| = \int_{t_0}^{t_1} f(\alpha(t))|d\alpha(t)| = \int_{t_0}^{t_1} f(\alpha(t))\sqrt{x'(t)^2 + y'(t)^2}dt$$

で定義する．積分

$$\int_{t_0}^{t_1} \sqrt{x'(t)^2 + y'(t)^2}dt$$

は曲線 α の長さを表す．これを $L(\alpha)$ と書くことにすれば，

$$\int_\alpha |dz| = L(\alpha)$$

が得られる．

線積分の向き． このような線積分においては，曲線 α では常に向きを考えていることに注意する．すなわち，曲線 α を表す連続写像 $\alpha : [t_0, t_1] \to \mathbb{C}$ のかわりに，$\tilde{\alpha}(t) = \alpha(-t + t_0 + t_1)$ とおけば，$\tilde{\alpha}(t_0) = \alpha(t_1)$, $\tilde{\alpha}(t_1) = \alpha(t_0)$ となる．また，写像 $t \mapsto -t + t_0 + t_1$ によって閉区間 $[t_0, t_1]$ は同じ閉区間 $[t_0, t_1]$ に写される．したがって，集合として $\alpha([t_0, t_1]) = \tilde{\alpha}([t_0, t_1])$ である．つまり $\tilde{\alpha}$ は曲線 α において始点 $\alpha(t_0)$ と終点 $\alpha(t_1)$ を入れ替えたものになっている．$\tilde{\alpha}$ を α の逆向きの曲線とよび，$-\alpha$ と書くことにする（図 3.1）．このとき線積分の定義より容易に

$$\int_{-\alpha} f(z)dz = -\int_\alpha f(z)dz, \quad \int_{-\alpha} f(z)|dz| = -\int_\alpha f(z)|dz|$$

であることがわかる．

線積分についての簡単な性質をまとめておく．以下被積分関数はすべて連続であるとする．

(I) ［線形性］　複素数 a, b に対し

$$\int_\alpha \{af(z) + bg(z)\} dz = a\int_\alpha f(z)dz + b\int_\alpha g(z)dz$$

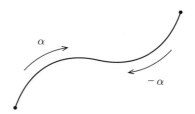

図 3.1　曲線の向き．

*1）　実は定理 2.2 の証明で既に使っている．

が成り立つ.

(II)　α_1, α_2 を区分的に C^1 級の曲線であるとする. また, $\alpha_1 + \alpha_2$ を α_1 と α_2 を「つないで」できる曲線とする. このとき,

$$\int_{\alpha_1+\alpha_2} f(z)dz = \int_{\alpha_1} f(z)dz + \int_{\alpha_2} f(z)dz$$

である.

(III)　$\left| \int_{\alpha} f(z)dz \right| \leqslant \int_{\alpha} |f(z)||dz|$ である. 特に, 任意の $z \in \alpha$ に対し $|f(z)| \leqslant M$ ならば,

$$\left| \int_{\alpha} f(z)dz \right| \leqslant \int_{\alpha} |f(z)||dz| \leqslant ML(\alpha)$$

である.

(IV)　$\{f_n\}_{n=1}^{\infty}$ を α 上の連続関数列で, α 上, ある関数 f に一様収束しているものとする. このとき,

$$\lim_{n\to\infty} \int_{\alpha} f_n(z)dz = \int_{\alpha} f(z)dz \tag{3.1}$$

である.

(I), (II) は定義から容易にわかる. また, 通常の定積分の不等式

$$\left| \int_{t_0}^{t_1} f(\alpha(t))(x'(t) + iy'(t))dt \right| \leqslant \int_{t_0}^{t_1} |f(\alpha(t))||x'(t) + iy'(t)|dt$$
$$= \int_{t_0}^{t_1} |f(\alpha(t))|\sqrt{x'(t)^2 + y'(t)^2}dt$$

から (III) がしたがう.

(IV) も一様収束する関数列に対して, 定積分と極限操作を入れ替えることができるという事実から示される.

例題 3.1　以下, 円 $|z| = 1$ の向きは正の向き (＝反時計回り) とする.

(1)　$\displaystyle\int_{|z|=1} z^n dz$ (n は整数) を計算せよ.

(2)　$\displaystyle\int_{|z|=1} e^z dz$ を計算することにより,
$$\int_0^{2\pi} e^{\cos\theta}\cos(\theta + \sin\theta)d\theta = \int_0^{2\pi} e^{\cos\theta}\sin(\theta + \sin\theta)d\theta = 0$$
を示せ.

[解答]　(1) $|z| = 1$ は原点中心で半径 1 の円であるから, $0 \leqslant \theta < 2\pi$ を用いて

$$z = \cos\theta + i\sin\theta = e^{i\theta}$$

と書ける. よって

$$z^n = \cos n\theta + i \sin n\theta = e^{in\theta}, \quad dz = ie^{i\theta}d\theta$$

であるから,

$$\int_{|z|=1} z^n dz = \int_0^{2\pi} e^{in\theta} \cdot ie^{i\theta}d\theta = i\int_0^{2\pi} e^{i(n+1)\theta}d\theta$$
$$= i\int_0^{2\pi} \{\cos(n+1)\theta + i\sin(n+1)\theta\}d\theta.$$

これより $n = -1$ のとき

$$\int_{|z|=1} z^n dz = 2\pi i,$$

$n \neq -1$ のとき

$$\int_{|z|=1} z^n dz = 0$$

である.

(2) (1) と同じく, $z = \cos\theta + i\sin\theta$, $dz = ie^{i\theta}d\theta$ と書ける. よって,

$$\int_{|z|=1} e^z dz = i\int_0^{2\pi} e^{\cos\theta + i\sin\theta}e^{i\theta}d\theta$$
$$= i\int_0^{2\pi} e^{\cos\theta + i(\theta+\sin\theta)}d\theta = i\int_0^{2\pi} e^{\cos\theta}e^{i(\theta+\sin\theta)}d\theta$$
$$= i\int_0^{2\pi} \{e^{\cos\theta}\cos(\theta+\sin\theta) + ie^{\cos\theta}\sin(\theta+\sin\theta)\}d\theta. \quad (3.2)$$

ここで, e^z は

$$e^z = 1 + \frac{z^2}{2!} + \cdots + \frac{z^n}{n!} + \cdots$$

と巾級数展開され, その収束半径は ∞ であった. よって, この巾級数は複素平面 $\mathbb{C}$ 全体で広義一様収束している. 特に単位円周 $|z| = 1$ では一様収束している. すなわち, $f_n(z) = \sum_{k=0}^{n} z^k/k!$ とおくと, $\{f_n(z)\}_{n=1}^{\infty}$ は $|z| = 1$ で e^z に一様収束する. したがって前に挙げた線積分の性質 (IV) の (3.1) 式から

$$\int_{|z|=1} e^z dz = \lim_{n\to\infty} \int_{|z|=1} f_n(z)dz \qquad (3.3)$$

であることがわかる. 一方, 上の (1) で計算した結果によれば, $k \geqslant 0$ ならば

$$\int_{|z|=1} z^k dz = 0$$

であった. したがって

$$\int_{|z|=1} f_n(z)dz = \sum_{k=0}^{n} \frac{1}{k!} \int_{|z|=1} z^k dz = 0$$

を得る. よって (3.3) から

$$\int_{|z|=1} e^z dz = 0 \tag{3.4}$$

を得る. (3.4) 式と (3.2) 式を比べれば, 求める結果

$$\int_0^{2\pi} e^{\cos\theta} \cos(\theta + \sin\theta) d\theta = \int_0^{2\pi} e^{\cos\theta} \sin\theta(\theta + \sin\theta) d\theta = 0$$

が得られる. (終)

線積分と微分形式. $\omega = a(x,y)dx + b(x,y)dy$ についての**ストークスの公式**

$$\int_{\partial\Omega} \omega = \iint_\Omega d\omega$$

は常に有用である. ここで Ω はある領域で, 区分的に C^1 級の曲線 $\partial\Omega$ で囲まれ, ω は $\Omega \cup \partial\Omega$ を含むある開集合上で C^1 級, $d\omega$ は ω の外微分である.

例題 3.2 C を C^1 級のジョルダン閉曲線とする. このとき, 線積分

$$\frac{1}{2i} \int_C \bar{z} dz$$

は C で囲まれた領域 Ω の面積に等しいことを示せ. ただし曲線 C の向きは Ω に関して正の向き (=反時計回り) であるとする.

[解答] ストークスの公式を使う. $\omega = \bar{z}dz$ とおけば, 微分形式 ω の外微分は $d\omega = d\bar{z} \wedge dz$ である. C は Ω の境界 $\partial\Omega$ に他ならないから, ストークスの公式より,

$$\frac{1}{2i} \int_C \bar{z} dz = \frac{1}{2i} \int_{\partial\Omega} \omega = \frac{1}{2i} \iint_\Omega d\omega = \frac{1}{2i} \iint_\Omega d\bar{z} \wedge dz.$$

$d\bar{z} = dx - idy,\ dz = dx + idy$ であるから,

$$d\bar{z} \wedge dz = (dx - idy) \wedge (dx + idy) = 2idx \wedge dy.$$

したがって,

$$\frac{1}{2i} \int_C \bar{z} dz = \iint_\Omega dx \wedge dy.$$

最後の式は Ω の面積を表している. (終)

3.2 コーシーの積分定理

さて, コーシーの積分定理を述べよう.

定理 3.1 (**コーシーの積分定理**) $f(z)$ を $\mathbb{C}$ 内の領域 D 上の正則関数とする. C を D 内の単純閉曲線で区分的に C^1 級であり, かつ C で囲まれた領域が D に含まれていると仮定する. このとき,

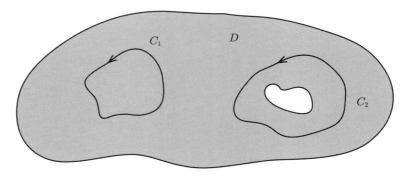

図3.2 曲線 C_1 は定理 3.1 の仮定を満たしているが，C_2 は満たしていない．

$$\int_C f(z)dz = 0 \tag{3.5}$$

である．

注意 3.1　定理の仮定「C で囲まれた領域が D に含まれている」というのは，例えば図 3.2 の曲線 C_1 のような場合である．一方，曲線 C_2 はこの仮定を満たしていない．

　特に領域 D が単連結であれば，D 内の任意の単純閉曲線はこの仮定を満たす．また，D が単連結でなく，C がこの仮定を満たさない場合，式 (3.5) が成り立つとは限らない．実際，例題 3.1 で $n = -1$ のときに計算したように

$$\int_{|z|=1} \frac{1}{z}dz = 2\pi i$$

であった．$1/z$ は $\mathbb{C} - \{0\}$ で正則であるから，これは式 (3.5) が単位円周 $\{|z| = 1\}$ で成り立たない例となっている．

注意 3.2　正則関数は z に関して複素微分可能な関数で，それは定理 2.1 で示したように，全微分可能でコーシー–リーマンの関係式を満たすということと同値であった．ここでもし，正則関数 $f(z)$ を $z = x + iy$ として，x, y の関数とみて C^1 級まで仮定すれば，(3.5) はストークスの公式から容易に示すことができる．

　Ω を C によって囲まれる領域とすると，$\partial \Omega = C$ である．コーシー–リーマンの関係式より $\frac{\partial f}{\partial \bar{z}} = 0$ であったから，$\omega = f(z)dz$ にストークスの公式を用いれば，

$$\int_C f(z)dz = \int_{\partial \Omega} \omega = \iint_\Omega d\omega = \iint_\Omega \frac{\partial f}{\partial \bar{z}}d\bar{z} \wedge dz = 0$$

を得る．

[証明]　証明はいくつかの段階に分けて行う．まず (1) C が三角形の場合を示

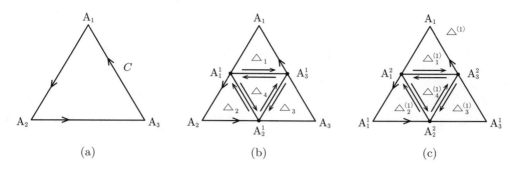

図 3.3 (a) 三角形 $A_1A_2A_3$. (b) 小三角形 $\triangle_1, \triangle_2, \triangle_3, \triangle_4$. (c) 小三角形 $\triangle_1^{(1)}, \triangle_2^{(1)}, \triangle_3^{(1)}, \triangle_4^{(1)}$.

す．次にこれを利用し，(2) C が多角形の場合を示す．最後に (3) C が一般の場合を示す．

(1) C が三角形の場合：C が図 3.3 (a) のような三角形 $A_1A_2A_3$ である場合を考える．このとき，

$$\int_C f(z)dz = \alpha$$

とおき，$\alpha \neq 0$ と仮定して矛盾を導く．

図 3.3 (b) のように，辺 A_1A_2, A_2A_3, A_3A_1 の中点 A_1^1, A_2^1, A_3^1 を取り，これらを結んでできる小三角形を $\triangle_1$, $\triangle_2$, $\triangle_3$, $\triangle_4$ とする．

このとき，小三角形どうしが共有する辺，例えば $A_1^1A_3^1$ は $\triangle_1$ と $\triangle_4$ の共通の辺であり，$\int_{\partial\triangle_1} f(z)dz$ と $\int_{\partial\triangle_4} f(z)dz$ がそこでは逆向きで打ち消し合うから，

$$\alpha = \int_C f(z)dz = \sum_{i=1}^{4} \int_{\partial\triangle_i} f(z)dz$$

となることがわかる．したがって，

$$|\alpha| = \left|\sum_{i=1}^{4} \int_{\partial\triangle_i} f(z)dz\right| \leqslant \sum_{i=1}^{4} \left|\int_{\partial\triangle_i} f(z)dz\right| \tag{3.6}$$

を得る．これより，$\left|\int_{\partial\triangle_i} f(z)dz\right|$ $(i = 1, 2, 3, 4)$ のうち，少なくとも 1 つは $4^{-1}|\alpha|$ 以上であることがわかる．その小三角形を $\triangle^{(1)}$ とする．すなわち，

$$\left|\int_{\partial\triangle^{(1)}} f(z)dz\right| \geqslant 4^{-1}|\alpha|.$$

$\triangle^{(1)}$ の各辺に中点をとり，上と同じように小三角形 $\triangle_1^{(1)}, \triangle_2^{(1)}, \triangle_3^{(1)}, \triangle_4^{(1)}$ を考える（図 3.3 (c)）．

はじめの C の線積分の場合と同様の理由により，

$$\int_{\partial\triangle^{(1)}} f(z)dz = \sum_{i=1}^{4} \int_{\partial\triangle_i^{(1)}} f(z)dz$$

であることがわかる．したがって，

$$4^{-1}|\alpha| \leqslant \left| \int_{\partial \triangle^{(1)}} f(z)dz \right| = \left| \sum_{i=1}^{4} \int_{\partial \triangle_i^{(1)}} f(z)dz \right| \leqslant \sum_{i=1}^{4} \left| \int_{\partial \triangle_i^{(1)}} f(z)dz \right|$$

であり，$\left| \int_{\partial \triangle_i^{(1)}} f(z)dz \right|$ $(i=1,2,3,4)$ の中で少なくとも 1 つは $4^{-2}|\alpha|$ 以上である．その小三角形を $\triangle^{(2)}$ とする．すなわち，$\triangle^{(2)}$ は $\triangle^{(1)}$ の各辺の中点を結んでできる 4 つの小三角形のうちの 1 つで，不等式

$$4^{-2}|\alpha| \leqslant \left| \int_{\partial \triangle^{(2)}} f(z)dz \right|$$

を満たすものである．

この操作を続けると，小三角形の列 $\left\{ \triangle^{(n)} \right\}_{n=1}^{\infty}$ で以下の条件を満たすものがとれる．

(i) $\triangle^{(n+1)}$ は $\triangle^{(n)}$ の各辺の中点を結んでできる小三角形の中の 1 つである．

(ii) $\left| \int_{\partial \triangle^{(n)}} f(z)dz \right| \geqslant 4^{-n}|\alpha|$ である．

条件 (i) から $\triangle^{(1)} \supset \triangle^{(2)} \supset \cdots \supset \triangle^{(n)} \supset \triangle^{(n+1)} \supset \cdots$ であり，さらにある $z_0 \in \mathbb{C}$ が存在して，$\triangle^{(n)} \to z_0$ $(n \to \infty)$ となることがわかる．正確に言えば，任意の $\varepsilon > 0$ に対して，ある番号 N が存在して，$n \geqslant N$ ならば，$\triangle^{(n)} \subset \triangle(z_0; \varepsilon) = \{z \in \mathbb{C} \mid |z - z_0| < \varepsilon\}$ が成り立つ．

z_0 は元の三角形の内部または境界上にあるから，$z_0 \in D$ である．また，$f(z)$ は D で正則であったから，$z \to z_0$ のとき，

$$f(z) = f(z_0) + f'(z_0)(z - z_0) + o(|z - z_0|) \tag{3.7}$$

が成り立つ．ここで $o(|z - z_0|)$ は $z \to z_0$ のとき，

$$\frac{o(|z - z_0|)}{|z - z_0|} \to 0$$

となる量である．

式 (3.7) の両辺を $\partial \triangle^{(n)}$ に沿って積分すると，

$$\int_{\partial \triangle^{(n)}} f(z)dz$$
$$= \int_{\partial \triangle^{(n)}} f(z_0)dz + \int_{\partial \triangle^{(n)}} f'(z_0)(z - z_0)dz + \int_{\partial \triangle^{(n)}} o(|z - z_0|)dz \tag{3.8}$$

を得る．式 (3.8) の右辺の第 1 項と第 2 項はともに 0 になる．実際，$\omega_1 = dz$，$\omega_2 = (z - z_0)dz$ は $\mathbb{C}$ 上の C^1 級の微分形式であるから，注意 3.2 で用いたストークスの公式の議論により 0 となることがわかる．最後の項は，任意の $\varepsilon > 0$ に対して，n を十分大にとれば，

$$|o(|z - z_0|)| < \varepsilon |z - z_0| \tag{3.9}$$

となるようにできる．また $z \in \partial \triangle^{(n)}$ に対し，

$$|z - z_0| < (\partial\triangle^{(n)}\text{の長さ}) = 2^{-n}L \tag{3.10}$$

が成り立つ. ただし, L は C の長さである. (3.9), (3.10) より,

$$\left|\int_{\partial\triangle^{(n)}} o(|z - z_0|)dz\right| \leqslant \int_{\partial\triangle^{(n)}} |o(|z - z_0|)|\,|dz| < \varepsilon 2^{-n}L \int_{\partial\triangle^{(n)}} |dz|$$

を得る. 線積分 $\int_{\partial\triangle^{(n)}} |dz|$ は $\triangle^{(n)}$ の境界 $\partial\triangle^{(n)}$ の長さであるから, $\int_{\partial\triangle^{(n)}} |dz| = 2^{-n}L$ である. したがって,

$$\left|\int_{\partial\triangle^{(n)}} o(|z - z_0|)dz\right| < \varepsilon 2^{-n}L \times 2^{-n}L = \varepsilon 4^{-n}L^2$$

を得る. よって (3.8) より,

$$\left|\int_{\partial\triangle^{(n)}} f(z)dz\right| < \varepsilon 4^{-n}L^2 \tag{3.11}$$

を得る. $\varepsilon > 0$ は任意であったから, (3.11) は条件 (ii) と矛盾する. 以上によって $\alpha = 0$ であることがわかる. すなわち, 曲線 C が三角形の場合に定理の主張が成り立つことが示された.

(2) C が多角形の場合：図 3.4 のように多角形を三角形に分割する. このとき, 隣り合う三角形の辺に沿って逆向きの線積分が現われ, 分割でできるすべての三角形の正の向きに沿っての線積分は $\int_C f(z)dz$ に等しい. 一方, 前段でみたように, 三角形に沿っての f の線積分は 0 であったから, その和である $\int_C f(z)dz$ も 0 になる.

一般の C で定理が成り立つことを示すために, 次を示す.

定理 3.2（コーシーの積分公式） $f(z)$ を $\mathbb{C}$ 内の領域 D 上の正則関数とし, $\triangle$ を円板で $\bar{\triangle} = \triangle \cup \partial\triangle$ が D に含まれるものとする. このとき, 任意の $\zeta \in \triangle$ に対し,

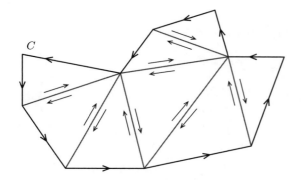

図 3.4　多角形を三角形に分割する.

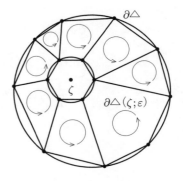

図 3.5　円板上に分点を取り, 多角形を作る.

$$f(\zeta) = \frac{1}{2\pi i} \int_{\partial\triangle} \frac{f(z)}{z - \zeta} dz \tag{3.12}$$

が成り立つ.

[証明] $\varepsilon > 0$ を十分小にとって,ζ 中心で半径 ε の円板 $\triangle(\zeta; \varepsilon)$ とその境界 $\partial\triangle(\zeta; \varepsilon)$ が $\triangle$ に含まれるようにする.$g(z) = f(z)/(z - \zeta)$ は $\Omega(\varepsilon) = \triangle - \overline{\triangle(\zeta; \varepsilon)}$ で正則である.ただし $\overline{\triangle(\zeta; \varepsilon)}$ は $\triangle(\zeta; \varepsilon)$ の閉包である.このとき $\Omega(\varepsilon)$ の境界 $\partial\Omega(\varepsilon)$ は $\partial\triangle - \partial\triangle(\zeta; \varepsilon)$ である.このとき,

$$\int_{\partial\Omega(\varepsilon)} g(z)dz = \int_{\partial\triangle} g(z)dz - \int_{\partial\triangle(\zeta;\varepsilon)} g(z)dz = 0 \tag{3.13}$$

である.これを示そう.図 3.5 のように,$\partial\triangle$ と $\partial\triangle(\zeta; \varepsilon)$ 上に分点を取り,それぞれ適当に結び多角形を作る.多角形が共有する線積分は打ち消し合うから,これらの多角形に沿っての線積分の和は (2) より 0 であるが,$\partial\triangle$ に沿う折れ線と $\partial\triangle(\zeta; \varepsilon)$ に沿う折れ線の差の線積分となる.一方,2 つの円周上の分点の取り方を細かくすれば,2 つの折れ線の線積分はそれぞれ,$\partial\triangle$ と $\partial\triangle(\zeta; \varepsilon)$ に沿っての線積分に収束する.これは $g(z)$ の連続性を用いたスタンダードな議論を用いて示すことができる.以上により (3.13) が成り立つことがわかった.

(3.13) は

$$\int_{\partial\triangle} \frac{f(z)}{z - \zeta} dz = \int_{\partial\triangle(\zeta;\varepsilon)} \frac{f(z)}{z - \zeta} dz \tag{3.14}$$

を意味しているが,ここで右辺を変形する.

$z \in \partial\triangle(\zeta; \varepsilon)$ は $z = \zeta + \varepsilon e^{i\theta}$ $(0 \leqslant \theta < 2\pi)$ と書けるから,

$$\int_{\partial\triangle(\zeta;\varepsilon)} \frac{f(z)}{z - \zeta} dz = \int_0^{2\pi} f(\zeta + \varepsilon e^{i\theta}) i d\theta \tag{3.15}$$

となる.f は連続であるから,(3.15) で $\varepsilon \to 0$ とすれば,

$$\int_{\partial\triangle(\zeta;\varepsilon)} \frac{f(z)}{z - \zeta} dz \to 2\pi i f(\zeta)$$

である.したがって (3.14) より求める等式 (3.12) を得る. □

(3) C が一般の場合:(3.12) と f の連続性から,

$$\begin{aligned}
\frac{1}{h}\{f(\zeta + h) - f(\zeta)\} &= \frac{1}{2\pi i} \cdot \frac{1}{h} \int_{\partial\triangle} f(z) \left\{ \frac{1}{z - \zeta - h} - \frac{1}{z - \zeta} \right\} dz \\
&= \frac{1}{2\pi i} \int_{\partial\triangle} f(z) \frac{1}{(z - \zeta)(z - \zeta - h)} dz \\
&\to \frac{1}{2\pi i} \int_{\partial\triangle} \frac{f(z)}{(z - \zeta)^2} dz \quad (h \to 0)
\end{aligned}$$

となり,$f'(\zeta) = \frac{1}{2\pi i} \int_{\partial\triangle} \frac{f(z)}{(z-\zeta)^2} dz$ が得られ,$f'(\zeta)$ が連続になることもわかる.よって f は C^1 級であり,注意 3.2 の議論からストークスの公式を用いて

定理 3.1 が示される. □

3.3 コーシーの積分定理の応用I（巾級数展開）

これまで証明してきたコーシーの積分定理（定理 3.1），コーシーの積分公式（定理 3.2）は非常に強力な定理である．ここからは，その直接の帰結となるいくつかのことを示そう．

コーシーの積分定理は一つの単純閉曲線の線積分に関する主張であったが，これは単純閉曲線が有限個の場合にも成り立つ．

定理 3.3 D を $\mathbb{C}$ 内の領域，$C_1, C_2, \cdots, C_n$ を D 内の互いに交わらない区分的に C^1 級の単純閉曲線とする．また，Ω を $C_1, C_2, \cdots, C_n$ で囲まれた有界領域で，$\Omega \subset D$ であるとする．このとき，D 内の正則関数 $f(z)$ に対し，

$$\sum_{i=1}^{n} \int_{C_i} f(z)dz = 0 \tag{3.16}$$

である．ただし各 C_i の向きは Ω について正の向きにとる．

[証明] 簡単のため，$n = 3$ で示す．このとき，Γ_1, Γ_2 を図 3.6 のようにとれば，$\Omega - \bigcup_{i=1}^{3} C_i \cup \Gamma_1 \cup \Gamma_2$ は「単純」閉曲線 $\bigcup_{i=1}^{3} C_i \cup \Gamma_1 \cup \Gamma_2 \cup \{-\Gamma_1\} \cup \{-\Gamma_2\}$ で囲まれた領域とみなすことができる．ここで Γ_1, Γ_2 の向きはそれぞれ，C_1 から C_2，C_2 から C_3 へ向かうように取るものとする．$f(z)$ は Ω 内で正則であるから，コーシーの積分定理より，

$$0 = \int_{\partial\Omega} f(z)dz$$
$$= \sum_{i=1}^{3} \int_{C_i} f(z)dz + \int_{\Gamma_1} f(z)dz + \int_{\Gamma_2} f(z)dz + \int_{-\Gamma_1} f(z)dz + \int_{-\Gamma_2} f(z)dz$$

を得る．明らかに，

$$\int_{\Gamma_i} f(z)dz = -\int_{-\Gamma_i} f(z)dz \quad (i = 1, 2)$$

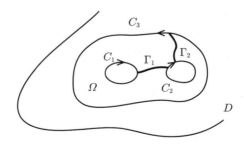

図 3.6 Γ_1, Γ_2 の取り方.

であるから，(3.16) を得る. □

巾級数はその収束円板内において正則であることは既に見たが，次の定理は，逆に正則関数はある意味で，本質的に巾級数であることを示すものである.

定理 3.4 $f(z)$ を $\mathbb{C}$ 内の領域 D で定義された正則関数とする. このとき，任意の $a \in D$ において $f(z)$ は巾級数展開

$$f(z) = \sum_{n=0}^{\infty} c_n(z-a)^n \tag{3.17}$$

を持つ. また，その収束半径は a と D の境界 ∂D との距離以上である.

これより直ちに次を得る.

系 3.1 $\mathbb{C}$ 内の領域 D で正則な関数 $f(z)$ は D の各点で無限回微分可能である. 点 $a \in D$ における $f(z)$ の巾級数展開 (3.17) の k 回微分 $f^{(k)}(z)$ $(k \in \mathbb{N})$ は，項別微分

$$f^{(k)}(z) = \sum_{n=k}^{\infty} n(n-1)\cdots(n-k+1)c_n z^{n-k} \tag{3.18}$$

で与えられる.

[系 3.1 の証明] 定理 2.4 とその証明から，点 $a \in D$ を中心とする巾級数

$$P_a(z) = \sum_{n=0}^{\infty} c_n(z-a)^n$$

はその収束円板内で正則であり，その微分は項別微分

$$P_a'(z) = \sum_{n=1}^{\infty} nc_n(z-a)^{n-1}$$

となり，再び巾級数となる. さらにその収束半径は元の巾級数 $P_a(z)$ と同じであることも分かる. したがって $P_a'(z)$ も正則であり，項別微分でその微分が与えられる. この操作は何度でも繰り返すことができる. よって $P_a(z)$ は無限回微分可能であり，したがって定理 3.4 から D 上の正則関数もそうである. □

[定理 3.4 の証明] 点 $a \in D$ をとる. R を a と ∂D との距離とする. $0 < r < R$ なる r をとれば $\overline{\triangle(a;r)} \subset D$ である. したがって定理 3.2 より，任意の $\zeta \in \triangle(a;r)$ に対して，

$$f(\zeta) = \frac{1}{2\pi i} \int_{\partial\triangle(a;r)} \frac{f(z)}{z-\zeta} dz \tag{3.19}$$

である. ここで，

$$\frac{f(z)}{z-\zeta} = \frac{f(z)}{z-a-(\zeta-a)} = \frac{1}{z-a} \cdot \frac{f(z)}{1-\frac{\zeta-a}{z-a}}$$

と変形する. $z \in \partial\triangle(a;r)$, $\zeta \in \triangle(a;r)$ のとき,

$$\left| \frac{\zeta - a}{z - a} \right| < 1$$

であるから,

$$\frac{f(z)}{1 - \left(\frac{\zeta - a}{z - a} \right)} = \sum_{n=0}^{\infty} \left(\frac{\zeta - a}{z - a} \right)^n f(z)$$

と書き表せ, 右辺は $z \in \partial\triangle(a;r)$ について一様収束している. したがって積分と無限和が交換可能で, (3.19) から,

$$f(\zeta) = \frac{1}{2\pi i} \sum_{n=0}^{\infty} \int_{\partial\triangle(a;r)} \frac{f(z)}{(z-a)^{n+1}} (\zeta - a)^n dz$$

$$= \sum_{n=0}^{\infty} \left(\frac{1}{2\pi i} \int_{\partial\triangle(a;r)} \frac{f(z)}{(z-a)^{n+1}} dz \right) (\zeta - a)^n \qquad (3.20)$$

を得る. (3.20) は $f(\zeta)$ が a を中心とする巾級数であることを示している. また, $0 < r_1 < r_2 < R$ なる r_1, r_2 に対して, $f(z)/(z-a)^n$ は $\triangle(a;r_2) - \overline{\triangle(a;r_1)}$ で正則であるから, 定理 3.1 から

$$\frac{1}{2\pi i} \int_{\partial\triangle(a;r_1)} \frac{f(z)}{(z-a)^n} dz = \frac{1}{2\pi i} \int_{\partial\triangle(a;r_2)} \frac{f(z)}{(z-a)^n} dz$$

であることがわかる. すなわち, (3.19) の積分は $0 < r < R$ である r の取り方によらない.

式 (3.19) において ζ は, $0 < r < R$ なる r に対して円板 $\triangle(a;r)$ 内にあればよいから, (3.20) の収束半径は R より小ではない.

以上から, $f(z)$ は $a \in D$ を中心とした巾級数に展開され, その収束半径 $\geqq R$ であることが示された. □

$f(z)$ が巾級数 $\sum_{n=0}^{\infty} c_n (z-a)^n$ で表されているとき, $f^{(n)}(a)$ と c_n には

$$f^{(n)}(a) = n! c_n \quad (n \in \mathbb{N})$$

なる関係があった. したがって (3.19) から,

$$f^{(n)}(a) = \frac{n!}{2\pi i} \int_{\partial\triangle(a;r)} \frac{f(z)}{(z-a)^{n+1}} dz$$

であることがわかる. □

定理 2.4 において, 巾級数がその収束円板内で正則であることを示したが, 正則関数が本質的に巾級数で表されるということなったのであるから, 巾級数において示された一致の定理 (例題 2.6) を正則関数においても示すことができる. すなわち, 以下が成り立つ.

> **例題 3.3**（正則関数の一致の定理） f, g を領域 $D \subset \mathbb{C}$ 上の正則関数とする. もし，D 内の無限点列 $\{z_n\}_{n=1}^\infty$ で D 内のある点 z_0 に収束し，かつ任意の z_n に対して $f(z_n) = g(z_n)$ であるならば，$f = g$ であることを示せ.

[解答] $f - g$ を考えることによって，$g \equiv 0$ と仮定してよい. ここで，D の部分集合 E を，$z \in D$ で，そのある近傍において $f \equiv 0$ なるもの全体とする. その定義から E は D の開部分集合である.

f は D 上正則であるから，z_0 中心の巾級数で書き表すことができる. 一方，仮定より $f(z_n) = 0$, $z_n \to z_0$ であったから，例題 2.6 より，f は z_0 中心の巾級数の収束半径内で恒等的に 0 である. 特に $z_0 \in E$ であり，E は空集合ではない.

次に点列 $\{\zeta_n\}_{n=1}^\infty \subset E$ で，$\zeta_n \to \zeta_0 \in D$ となるものを取る. すると，上と全く同じ議論から，$\zeta_0 \in E$ であることがわかる. したがって E は D 内の閉集合であることがわかる. よって D の連結性から，$E = D$ である. すなわち，f は D において恒等的に 0 である. （終）

3.4 コーシーの積分定理の応用 II（最大値原理とシュワルツの補題）

f を $\mathbb{C}$ 内の領域 D で定義された正則関数とする. D の任意の点 a に対して，a を中心とした半径 r_0 の円板 $\triangle(a; r_0)$ を $\overline{\triangle(a; r_0)} \subset D$ であるようにとる. コーシーの積分公式より，$0 < r \leqslant r_0$ である任意の r に対して，

$$f(a) = \frac{1}{2\pi i} \int_{|z-a|=r} \frac{f(z)}{z - a} dz$$

となる. ここで $z = a + re^{i\theta}$ $(0 \leqslant \theta < 2\pi)$ と変数変換すれば，

$$f(a) = \frac{1}{2\pi} \int_0^{2\pi} f(a + re^{i\theta}) d\theta.$$

したがって，両辺の絶対値をとって，

$$|f(a)| \leqslant \frac{1}{2\pi} \int_0^{2\pi} |f(a + re^{i\theta})| d\theta \tag{3.21}$$

を得る. (3.21) の右辺は $|f(z)|$ の円 $\{|z-a| = r\}$ の角度に関する平均である.

今，$a_0 \in D$ で $|f(z)|$ が極大値をとったとする. 極大値の定義より，a_0 を中心とするある円板 $\triangle(a_0; r_0) \subset D$ が存在して，任意の $z \in \triangle(a_0; r_0)$ に対して，

$$|f(z)| \leqslant |f(a_0)| \tag{3.22}$$

が成り立つ. 一方，$0 < r < r_0$ に対して (3.21) から

$$|f(a_0)| \leqslant \frac{1}{2\pi} \int_0^{2\pi} |f(a_0 + re^{i\theta})| d\theta$$

である．(3.22) より $|f(a_0 + re^{i\theta})| \leqslant |f(a_0)|$ であるから，

$$|f(a_0)| \leqslant \frac{1}{2\pi} \int_0^{2\pi} |f(a_0 + re^{i\theta})| d\theta \leqslant \frac{1}{2\pi} \int_0^{2\pi} |f(a_0)| d\theta = |f(a_0)|$$

を得る．したがって，上の式で不等号はすべて等号であり，

$$\begin{aligned}
0 &= |f(a_0)| - \frac{1}{2\pi} \int_0^{2\pi} |f(a_0 + re^{i\theta})| d\theta \\
&= \frac{1}{2\pi} \int_0^{2\pi} (|f(a_0)| - |f(a_0 + re^{i\theta})|) d\theta
\end{aligned} \tag{3.23}$$

となるが，ここで再び $|f(a_0)| \geqslant |f(a_0 + re^{i\theta})|$ を用いると，(3.23) より，任意の $\theta \in [0, 2\pi)$ に対して，

$$|f(a_0)| = |f(a_0 + re^{i\theta})|$$

が成り立つことがわかる．すなわち，点 a_0 を中心とする半径 r の円周上で $|f(z)|$ の値は定数 $|f(a_0)|$ に等しい．ここで，r を $0 < r < r_0$ で動かして考えれば，$|f(z)|$ は $\triangle(a_0; r_0)$ 内で定数 $|f(a_0)|$ となる．よって例題2.3 から，f は $\triangle(a_0; r_0)$ で定数となる．したがって，一致の定理（例題3.3）より f は D 全体で定数となる．以上の議論から次を得る．

> **定理 3.5**（最大値原理） $\mathbb{C}$ 内の領域 D で正則な関数 f の絶対値が D 内のある点で極大値をとれば，f は定数である．特に，ある $a_0 \in D$ が存在して，
>
> $$|f(a_0)| = \sup\{|f(z)| \mid z \in D\}$$
>
> を満たせば，f は定数である．

D が有界領域の場合は以下が成り立つ．

> **系 3.2** D が有界領域で，f は D で非定数正則，かつ $\bar{D}$ で連続ならば，$|f|$ の最大値は D の境界 ∂D の点で与えられる．

[証明] D は有界であるから，その閉包 $\bar{D}$ はコンパクトである．したがって連続関数 $|f|$ は $\bar{D}$ のある点 a_0 で最大値をとる．しかし，f は非定数であったから，a_0 は D の点ではない．よって $a_0 \in \partial D$ である． $\square$

代数学の基本定理． $P(z)$ を n 次多項式

$$P(z) = a_n z^n + a_{n-1} z^{n-1} + \cdots + a_0 \quad (a_n \neq 0)$$

とする．これが重複度も数えてちょうど n 個の根を持つことが知られている（代数学の基本定理）．これを最大値原理を用いて証明してみよう．

例題 **3.4** 任意の $M > 0$ に対し，ある $R > 0$ が存在して，$|z| = R$ 上で $|P(z)| \geqslant M$ となることを示せ．

[解答] 三角不等式より，$|z| = R$ のとき，

$$
\begin{aligned}
|P(z)| &= \left| z^n \left(a_n + \frac{a_{n-1}}{z} + \cdots + \frac{a_0}{z^n} \right) \right| \\
&\geqslant |z|^n \left(|a_n| - \frac{|a_{n-1}|}{|z|} - \cdots - \frac{|a_0|}{|z|^n} \right) \\
&= R^n \left(|a_n| - \frac{|a_{n-1}|}{R} - \cdots - \frac{|a_0|}{R^n} \right)
\end{aligned}
$$

である．ここで $R \to \infty$ とすると

$$
|a_n| - \frac{|a_{n-1}|}{R} - \cdots - \frac{|a_0|}{R^n} \to |a_n|
$$

である．よって，R を十分大にとれば

$$
|a_n| - \frac{|a_{n-1}|}{R} - \cdots - \frac{|a_0|}{R^n} > \frac{1}{2} |a_n| > 0
$$

となるようにできる．したがって，このとき

$$
|P(z)| \geqslant \frac{1}{2} |a_n| R^n .
$$

よって R をさらに大きくとって，$\frac{1}{2} |a_n| R^n > M$ となるようにすれば $|P(z)| \geqslant M$ となる．（終）

例題 **3.5**（代数学の基本定理） n 次多項式 $P(z)$ は $P(z) = 0$ の解を持つことを示せ．

[解答] 任意の $z \in \mathbb{C}$ に対して $P(z) \neq 0$ として矛盾をみちびく．このとき $f(z) = \frac{1}{P(z)}$ も $\mathbb{C}$ で正則になり，$f(0) = P(0)^{-1} = a_0^{-1}$ である．ここで $M > 0$ を $M > |a_0|$ ととる．例題 3.4 から，ある $R > 0$ が存在して，$|z| = R$ のとき，

$$
|P(z)| > M > |a_0|
$$

である．よって，$|z| = R$ のとき，

$$
|f(z)| = \frac{1}{|P(z)|} < M < |a_0|^{-1} .
$$

したがって系 3.2 から $f(z)$ は円板 $|z| \leqslant R$ において

$$
|f(z)| < |a_0|^{-1} .
$$

これは $|f(0)| = |a_0|^{-1}$ に反する．（終）

したがって多項式 $P(z)$ に対し $P(\alpha) = 0$ をみたす $\alpha \in \mathbb{C}$ が存在する．よって $P(z)$ は $(z - \alpha)$ で割り切れ，

$$P(z) = (z - \alpha)Q(z)$$

と書ける．ここで $Q(z)$ は $(n-1)$ 次多項式である．上の議論を $Q(z)$ に適用すれば，$Q(z)$ も根を持つことがわかる．この操作を繰り返して，n 次多項式 $P(z)$ がちょうど n 個の根を持つことがわかる．

最大値原理の重要な帰結の 1 つが次の定理である．

定理 3.6（シュワルツ（**Schwarz**）の補題）　f は単位円板 $\triangle = \{z \in \mathbb{C} \mid |z| < 1\}$ で正則で，$|f(0)| = 0$，かつ任意の $z \in \triangle$ に対して $|f(z)| < 1$ を満たすとする．このとき，

(1)　$|f(z)| \leqq |z|$,

かつ

(2)　$|f'(0)| \leqq 1$

である．さらに (1) で，ある $z_0 \in \triangle$, $z_0 \neq 0$ に対して等号が成り立つか，または (2) において等号が成り立てば，ある $\theta \in \mathbb{R}$ が存在して，$f(z) = e^{i\theta}z$ と書ける．

コメント：この主張は一般にシュワルツの「補題」と呼ばれているが，実は極めて重要な主張である．このことは，本書で次第に明らかになる．

[証明]　$f(0) = 0$ であるから，f を $z = 0$ 中心に巾級数展開したとき，ある $n \geqq 1$ に対し

$$f(z) = a_n z^n + a_{n+1} z^{n+1} + \cdots \quad (a_n \neq 0)$$

と書ける．よって，$\varphi(z) = f(z)/z^n$ とおけば，φ も $\triangle$ で正則になる．

$|z| = r \, (< 1)$ 上で，

$$|\varphi(z)| = \left| \frac{f(z)}{z} \right| = \frac{|f(z)|}{r} < \frac{1}{r} \tag{3.24}$$

である．φ は $\triangle(0;r)$ で正則で，$\overline{\triangle(0;r)}$ で連続であるから，系 3.2 より $\overline{\triangle(0;r)}$ での $|\varphi|$ の最大値は $\partial\triangle(0;r)$ 上で与えられる．(3.24) より，その最大値は $\frac{1}{r}$ より小である．したがって，任意の $z \in \triangle(0;r)$ に対し，

$$|\varphi(z)| < \frac{1}{r}$$

である．ここで $r \to 1$ とすれば，

$$|\varphi(z)| \leqq 1 \tag{3.25}$$

となる．これは φ の定義から，

$$|f(z)| \leqq |z|$$

を意味している．また，

$$\varphi(0) = \lim_{z \to 0} \varphi(z) = \lim_{z \to 0} \frac{f(z)}{z} = \lim_{z \to 0} \frac{f(z) - f(0)}{z} = f'(0)$$

であるから，(3.25) より $|f'(0)| \leqq 1$ が得られる．以上により，(1) と (2) の主張が示された．等号成立については，いずれの場合も，(3.25) において △ 内のある点で等号が成り立つことを意味している．よって定理 3.5 から φ は定数で，$|\varphi(z)| = 1$ となる．よって，$\varphi(z) = e^{i\theta}$ となるが，これは φ の定義より，$f(z) = e^{i\theta}z$ を意味している． □

この定理は f が単位円板 △ で定義され，その値域も △ という仮定でのものであったが，半径は 1 でなくても構わない．

例題 3.6 f が原点中心半径 R の円板 $\triangle(0; R)$ で正則で，その値がある $K > 0$ に対し $\triangle(0; K)$ に含まれ，かつ $f(0) = 0$ であるとき，定理 3.6 の主張をそれに対応して述べよ．

[解答] 与えられた R, K に対して

$$F_{R,K}(z) = \frac{1}{K} f(Rz)$$

とおくと，$F_{R,K}$ は △ 上の正則関数で，$F_{R,K}(0) = 0$ かつ，$|F_{R,K}(z)| < 1$ $(z \in \triangle)$ である．したがって定理 3.6 より，

$$|F_{R,K}(z)| \leqq |z|, \quad |F'_{R,K}(0)| \leqq 1$$

である．これを元の f を用いて書き替えると，

$$\left| \frac{1}{K} f(Rz) \right| \leqq |z|, \quad \left| \frac{R}{K} f'(0) \right| \leqq 1$$

を得る．よって $\zeta = Rz \in \triangle(0; R)$ とすれば，

$$|f(\zeta)| \leqq \frac{K}{R} |\zeta|, \tag{3.26}$$

$$|f'(0)| \leqq \frac{K}{R}$$

を得る．（終）

ここで式 (3.26) に着目しよう．f がもし $\mathbb{C}$ で正則であれば，R はいくらでも大きくとれる．さらに，任意の $\zeta \in \mathbb{C}$ に対し，$|f(\zeta)| < K$ ならば，(3.26) で $R \to +\infty$ として $f(\zeta) = 0$ を得る．ζ は $\mathbb{C}$ の任意の点であったから，$f \equiv 0$ ということになる．これは $f(0) = 0$ という仮定の下での議論であったが，この仮定は $f - f(0)$ を考えることによって，f が $\mathbb{C}$ で有界であれば本質的でないことがわかる．つまり，次の定理が得られたことになる．

定理 3.7（リウヴィル（Liouville）の定理） $\mathbb{C}$ で有界な正則関数は定数に限る．

第 4 章
等角写像

2.3 節では正則関数の等角性について解説した．本章では，グローバルな写像として**等角写像**（conformal mapping）について解説する．

4.1 等角写像

まずは等角写像を定義する．

定義 4.1 D_1, D_2 を $\mathbb{C}$ 内の 2 つの領域とする．D_1 で定義された正則関数 f が $f(D_1) \subset D_2$ を満たし，かつ f が D_1 上で 1 対 1 であるとき，f を D_1 から D_2 の**中への等角写像**という．また，正則関数 f が D_1 から D_2 への全単射になっているとき，f を D_1 から D_2 の**上への等角写像**という．D_1 から D_2 の上への等角写像が存在するとき，D_1 と D_2 は**等角同値**（conformally equivalent）または**双正則同値**（biholomorphically equivalent）という．

$f : D_1 \to f(D_2)$ が等角写像であれば，f^{-1} が $f(D_1)$ 上で定義され，$f(D_2)$ から D_1 の上への等角写像になる．したがって，等角同値という関係は同値関係となる．つまり，領域 D_1, D_2, D_3 について，

(1) D_1 と D_1 は等角同値，

(2) D_1 と D_2 が等角同値ならば，D_2 と D_1 は等角同値，

(3) D_1 と D_2 が等角同値で，D_2 と D_1 が等角同値ならば，D_1 と D_3 は等角同値

の 3 つの主張が成り立つ（各自確かめよ）．

特に領域 D に対し，

$$\mathrm{Aut}(D) = \{f \mid f \text{ は } D \text{ から } D \text{ への上への等角写像}\}$$

とおけば，$\mathrm{Aut}(D)$ は写像の合成に関し群になる．この $\mathrm{Aut}(D)$ を D の**正則自己同型群**（holomorphic automorphism group または単に automorphism group）という.

一般に Aut(D) を決定することは困難であるが，D が特別な場合はそれを決定することができる.

例題 4.1 (i) $a \in \mathbb{C}$ を $|a| < 1$ ととる. このとき,

$$\varphi_a(z) = \frac{z - a}{1 - \bar{a}z} \tag{4.1}$$

とおくと，φ_a は単位円板 $\triangle = \{|z| < 1\}$ の正則自己同型群 Aut($\triangle$) の元であることを示せ.

(ii) $\alpha, \beta \in \mathbb{C}$, $|\alpha|^2 - |\beta|^2 = 1$ に対して

$$\psi_{\alpha,\beta}(z) = \frac{\alpha z + \beta}{\bar{\beta}z + \bar{\alpha}} \tag{4.2}$$

とおく. このとき，$\psi_{\alpha,\beta} \in$ Aut($\triangle$) を示せ.

(iii) a, b, c, d を $ad - bc = 1$ を満たす実数とする. このとき,

$$\gamma(z) = \frac{az + b}{cz + d} \tag{4.3}$$

とおくと，γ は上半平面 $\mathbb{H} = \{z \in \mathbb{C} \mid \text{Im}\, z > 0\}$ の正則自己同型群 Aut($\mathbb{H}$) の元であることを示せ.

[**解答**]　(i) $|\zeta| = 1$ とすると，$|\zeta|^2 = \zeta\bar{\zeta} = 1$ より，$\bar{\zeta} = \zeta^{-1}$ である. したがって,

$$|\varphi_a(\zeta)| = \left|\frac{\zeta - a}{1 - \bar{a}\zeta}\right| = \frac{|\bar{\zeta} - \bar{a}|}{|1 - \bar{a}\zeta|} = \frac{|\zeta^{-1} - \bar{a}|}{|1 - \bar{a}\zeta|} = \frac{|\zeta|^{-1}|1 - \bar{a}\zeta|}{|1 - \bar{a}\zeta|} = 1.$$

したがって，$\varphi_a(\partial\triangle) \subset \partial\triangle$. また，$\varphi_a(0) = -a \in \triangle$.

さらに,

$$\varphi_{-a}(z) = \frac{z + a}{1 + \bar{a}z}$$

に注意すると,

$$\begin{aligned}
\varphi_{-a}(\varphi_a(z)) &= \frac{\varphi_a(z) + a}{a + \bar{a}\varphi_a(z)} = \frac{\frac{z-a}{1-\bar{a}z} + a}{1 + \bar{a} \cdot \frac{z-a}{1-\bar{a}z}} \\
&= \frac{z - a + a - |a|^2 z}{1 - \bar{a}z + \bar{a}z - |a|^2} = z.
\end{aligned}$$

これより，$\varphi_{-a} = \varphi_a^{-1}$ であることがわかる. φ_a, φ_{-a} ともに $\triangle$ 内で正則であるから，φ_a は $\triangle$ から $\varphi_a(\triangle)$ の上への等角写像になる. また，φ_a は $\bar{\triangle}$ から $\overline{\varphi_a(\triangle)}$ への同相写像である. 一方,

$$\varphi_a(\partial\triangle) \subset \partial\triangle, \quad \varphi_a(0) \in \triangle$$

より，$\varphi_a(\triangle) = \triangle$ でなければならない. すなわち，$\varphi_a \in$ Aut($\triangle$) である.

(ii) $|\alpha|^2 - |\beta|^2 = 1$ より，$|\alpha| > |\beta|$. さらに，

$$\psi_{\alpha,\beta}(z) = \frac{\alpha z + \beta}{\bar{\beta} z + \bar{\alpha}} = \frac{\alpha}{\bar{\alpha}} \cdot \frac{z + \frac{\beta}{\alpha}}{1 + \frac{\bar{\beta}}{\bar{\alpha}} z}$$

であるから，$a = -\frac{\beta}{\alpha}$ とおくと，$|a| = \frac{|\beta|}{|\alpha|} < 1$ より，$a \in \triangle$. したがって，

$$\psi_{\alpha,\beta}(z) = \frac{\alpha}{\bar{\alpha}} \frac{z - a}{1 - \bar{a} z} = \frac{\alpha}{\bar{\alpha}} \varphi_a(z). \tag{4.4}$$

$\alpha/\bar{\alpha}$ は絶対値が 1 の定数で，$\varphi_a \in \mathrm{Aut}(\triangle)$ であったから，$\psi_{\alpha,\beta}$ も $\mathrm{Aut}(\triangle)$ の元である．

(iii) (i) と同様の議論で示されるが，後の議論のために，別の方法で示す．$\mathbb{H}$ 上の正則関数 F を

$$F(z) = \frac{z - i}{z + i}$$

とおくと，$z \in \mathbb{H}$ に対し $|F(z)| < 1$. さらに，$x \in \mathbb{R}$ ならば

$$|F(x)| = \left| \frac{x - i}{x + i} \right| = 1$$

かつ $F(i) = 0$. また，

$$w = \frac{z - i}{z + i} \Longleftrightarrow (z + i)w = z - i$$
$$\Longleftrightarrow (w - 1)z = i(w + 1) \Longleftrightarrow z = \frac{1 + w}{1 - w} i$$

であるから，

$$F^{-1}(w) = \frac{1 + w}{1 - w} i. \tag{4.5}$$

以上のことから，F は $\mathbb{H}$ から $\triangle$ の上への等角写像で $F^{-1}(w) = \frac{1+w}{1-w} i$ であることがわかる．

式 (4.3) で与えられた γ に対して，

$$\psi(z) = F \circ \gamma \circ F^{-1}(z) \tag{4.6}$$

とおく．ψ を実際に計算してみる．$w = F^{-1}(z)$ とおいて，(4.5) を用いれば，

$$\psi(z) = \frac{\gamma(w) - i}{\gamma(w) + i} = \frac{\frac{aw+b}{cw+d} - i}{\frac{aw+b}{cw+d} + i}$$
$$= \frac{\{(a + d) + (b - c)i\}z + (a - d) - (b + c)i}{\{(a - d) + (b + c)i\}z + (a + d) - (b - c)i} \tag{4.7}$$

が得られる．ここで，$\tilde{\alpha} = (a + d) + (b - c)i$, $\tilde{\beta} = (a - d) - (b + c)i$ とおくと，

$$|\tilde{\alpha}|^2 - |\tilde{\beta}|^2 = (a + d)^2 + (b - c)^2 - (a - d)^2 - (b + c)^2$$
$$= 4(ad - bc) = 4.$$

よって, $\alpha = \frac{\tilde{\alpha}}{2}, \beta = \frac{\tilde{\beta}}{2}$ とおけば, (4.7) から

$$\psi(z) = \frac{\alpha z + \beta}{\bar{\beta}z + \bar{\alpha}} \quad (|\alpha|^2 - |\beta|^2 = 1)$$

となり, (ii) より, $\psi \in \mathrm{Aut}(\triangle)$ であることがわかる. 一方, (4.6) より,

$$\gamma(z) = F^{-1} \circ \psi \circ F(z)$$

で, F は $\mathbb{H}$ から $\triangle$ の上への等角写像であったから, γ は $\mathrm{Aut}(\mathbb{H})$ の元となる.

(終)

4.2 Aut($\triangle$), Aut($\mathbb{H}$) とその性質

例題 4.1 では, Aut($\triangle$), Aut($\mathbb{H}$) の写像を具体的に与えたが, 実際は Aut($\triangle$), Aut($\mathbb{H}$) の写像はこのようなもので尽きている. これを証明しよう.

定理 4.1 (i) $\mathrm{Aut}(\triangle)$ の任意の元 φ は, ある $\theta \in \mathbb{R}$ とある $a \in \triangle$ を用いて,

$$\varphi(z) = e^{i\theta}\varphi_a(z) = e^{i\theta}\frac{z - a}{1 - \bar{a}z}$$

と表される.

(ii) $\mathrm{Aut}(\triangle)$ の任意の元 φ は, $|\alpha|^2 - |\beta|^2 = 1$ となる $\alpha, \beta \in \mathbb{C}$ を用いて,

$$\varphi(z) = \psi_{\alpha,\beta}(z) = \frac{\alpha z + \beta}{\bar{\beta}z + \bar{\alpha}}$$

と表される.

(iii) $\mathrm{Aut}(\mathbb{H})$ の任意の元 γ は, $ad - bc = 1$ となる実数 a, b, c, d を用いて

$$\gamma(z) = \frac{az + b}{cz + d}$$

と表される.

[証明] (i) $a \in \triangle$ を $\varphi^{-1}(0) = -a$ ととる. このとき,

$$\varphi_a(z) = \frac{z - a}{1 - \bar{a}z}$$

は $\mathrm{Aut}(\triangle)$ の元であり (例題 4.1), $\varphi_a(0) = -a$ である. したがって, $\Phi(z) = \varphi \circ \varphi_a^{-1}(z)$ は $\mathrm{Aut}(\triangle)$ の元であり, $\Phi(0) = 0$ を満たす (図 4.1). これは Φ がシュワルツの補題 (定理 3.6) の仮定を満たしていることを意味する. したがって, 定理 3.6 より

$$|\Phi(z)| \leqslant |z| \tag{4.8}$$

を得る. 一方, Φ^{-1} も $\mathrm{Aut}(\triangle)$ に属し, かつ $\Phi^{-1}(0) = 0$ であるから, 再び定理 3.6 を用いて,

$$|\Phi^{-1}(w)| \leqslant |w| \tag{4.9}$$

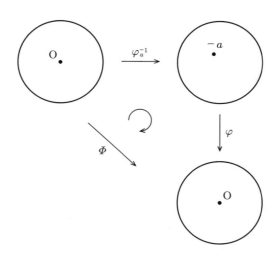

図 4.1 Φ はシュワルツの補題の仮定を満たす.

を得る. $w = \Phi(z)$ として, (4.8), (4.9) を比べると,

$$|\Phi(z)| \leqslant |z| = |\Phi^{-1}(w)| \leqslant |w| = |\Phi(z)|$$

を得る. したがって, $|\Phi(z)| = |z|$ となるが, 定理 3.6 の等号条件から, ある $\theta \in \mathbb{R}$ に対して

$$\Phi(z) = \varphi \circ \varphi_a^{-1}(z) = e^{i\theta} z$$

と書けることが結論される. そこで $w = \varphi_a^{-1}$ とおけば, $z = \varphi_a(w)$ で,

$$\varphi(w) = \varphi \circ \varphi_a^{-1}(z) = e^{i\theta} z = e^{i\theta} \varphi_a(w)$$

となり, 求める表示が得られたことになる.

(ii) $\varphi \in \mathrm{Aut}(\triangle)$ は (i) より, ある $\theta \in \mathbb{R}$ とある $a \in \triangle$ を用いて,

$$\varphi(z) = e^{i\theta} \varphi_a(z)$$

と表される. ここで $\alpha, \beta \in \mathbb{C}$ を,

$$\arg \alpha = \frac{\theta}{2}, \quad |\alpha| = (1 - |a|^2)^{-1/2}, \quad \beta = -a\alpha$$

ととれば,

$$\frac{\alpha}{\bar{\alpha}} = e^{i\theta}, \quad \frac{\beta}{\alpha} = -a, \quad |\alpha|^2 - |\beta|^2 = 1$$

を満たすことがわかる. したがって式 (4.4) より

$$e^{i\theta} \varphi_a(z) = \psi_{\alpha,\beta}(z)$$

を得る.

(iii) 例題 4.1 の (iii) の議論を用いる. $\gamma \in \mathrm{Aut}(\mathbb{H})$ に対して, $F \circ \gamma \circ F^{-1} \in \mathrm{Aut}(\triangle)$ である. ただし $F(z) = \frac{z-i}{z+i}$ である. よって, 上記 (ii) の結果より,

$$F \circ \gamma \circ F^{-1}(z) = \psi_{\alpha,\beta}(z)$$

となる $\alpha, \beta \in \mathbb{C}$ がとれる．ここで式 (4.7) とその後の議論から，$a, b, c, d \in \mathbb{R}$ を

$$a + d = \operatorname{Re}\alpha, \quad b - c = \operatorname{Im}\alpha,$$
$$a - d = \operatorname{Re}\beta, \quad -(b + c) = \operatorname{Im}\beta$$

ととればよいことがわかる． □

ここで 2×2 の特殊ユニタリ群

$$SU(2, \mathbb{C}) = \left\{ \begin{pmatrix} \alpha & \beta \\ \bar{\beta} & \bar{\alpha} \end{pmatrix} \middle| \alpha, \beta \in \mathbb{C}, |\alpha|^2 - |\beta|^2 = 1 \right\}$$

と考え，$\theta : SU(2, \mathbb{C}) \to \operatorname{Aut}(\triangle)$ を

$$\theta\left(\begin{pmatrix} \alpha & \beta \\ \bar{\beta} & \bar{\alpha} \end{pmatrix}\right) = \frac{\alpha z + \beta}{\bar{\beta} z + \bar{\alpha}} \quad \left(\begin{pmatrix} \alpha & \beta \\ \bar{\beta} & \bar{\alpha} \end{pmatrix} \in SU(2, \mathbb{C})\right)$$

とおくと，定理 4.1 (ii) から，θ は全射であることがわかる．また，$A, B \in SU(2, \mathbb{C})$ に対して，

$$\theta(AB) = \theta(A) \circ \theta(B)$$

となることも実際に計算で確かめられる．すなわち，θ は $SU(2, \mathbb{C})$ から $\operatorname{Aut}(\triangle)$ への準同型写像である．さらに，$\theta(A)$ が恒等写像になるのは A が $\pm I$ のとき，かつそのときに限ることも容易にわかる．ここで I は単位行列である．つまり，θ の核 $\operatorname{Ker}\theta$ は $\pm I$ となる．よって準同型定理から，$\operatorname{Aut}(\triangle)$ は $SU(2, \mathbb{C})/\{\pm I\}$ と同一視できる．

$SU(2, \mathbb{C})/\{\pm I\}$ は $SU(2, \mathbb{C})$ の 2 つの行列 $\left(\begin{smallmatrix} a & b \\ \bar{b} & \bar{a} \end{smallmatrix}\right)$ と $\left(\begin{smallmatrix} -a & -b \\ -\bar{b} & -\bar{a} \end{smallmatrix}\right)$ を同一視してできる群である．これを $PSU(2, \mathbb{C})$ と書く．$\operatorname{Aut}(\triangle)$ は $PSU(2, \mathbb{C})$ とみなせるということである．

$\operatorname{Aut}(\mathbb{H})$ に対しては，**特殊線形群**

$$SL(2, \mathbb{R}) = \left\{ \begin{pmatrix} a & b \\ c & d \end{pmatrix} \middle| a, b, c, d \in \mathbb{R}, ad - bd = 1 \right\}$$

を考える．上と同様準同型 $\theta : SL(2, \mathbb{R}) \to \operatorname{Aut}(\mathbb{H})$ を

$$\theta\left(\begin{pmatrix} a & b \\ c & d \end{pmatrix}\right) = \frac{az + b}{cz + d}$$

と定義すれば，$\operatorname{Aut}(\mathbb{H})$ と $SL(2, \mathbb{R})/\{\pm I\}$ は同一視できる．したがって，$SL(2, \mathbb{R})/\{\pm I\}$ を $PSL(2, \mathbb{R})$ と書けば，$\operatorname{Aut}(\mathbb{H})$ は $PSL(2, \mathbb{R})$ とみなせることがわかる．

例題 **4.2** (i) $\varphi \in \mathrm{Aut}(\triangle)$ に対して

$$\left| \frac{\varphi(z) - \varphi(z')}{1 - \varphi(z)\overline{\varphi(z')}} \right| = \left| \frac{z - z'}{1 - z\bar{z}'} \right| \quad (z, z' \in \triangle, \ z \neq z')$$

および,

$$\frac{|\varphi'(z)|}{1 - |\varphi(z)|^2} = \frac{1}{1 - |z|^2} \quad (z \in \triangle)$$

が成り立つことを示せ.

(ii) $\gamma \in \mathrm{Aut}(\mathbb{H})$ に対して,

$$\frac{|\gamma'(z)|}{\mathrm{Im}\,\gamma(z)} = \frac{1}{\mathrm{Im}\,z} \quad (z \in \mathbb{H})$$

が成り立つことを示せ.

[解答] いずれも直接計算で簡単に示すことができる. (i) のはじめの等式だけを示そう. 定理 4.1 (ii) より

$$\varphi(z) = \frac{\alpha z + \beta}{\bar{\beta} z + \bar{\alpha}} \quad (|\alpha|^2 - |\beta|^2 = 1, \ \alpha, \beta \in \mathbb{C})$$

と書ける. したがって,

$$\varphi(z) - \varphi(z') = \frac{1}{\bar{\beta} z + \bar{\alpha}} \cdot \frac{1}{\bar{\beta} z' + \bar{\alpha}'}(z - z'), \tag{4.10}$$

$$1 - \varphi(z)\overline{\varphi(z')} = 1 - \frac{\alpha z + \beta}{\bar{\beta} z + \bar{\alpha}} \cdot \frac{\bar{\alpha} \bar{z}' + \bar{\beta}}{\beta \bar{z}' + \alpha}$$

$$= \frac{(\bar{\beta} z + \bar{\alpha})(\beta \bar{z}' + \alpha) - (\alpha z + \beta)(\bar{\alpha} \bar{z}' + \bar{\beta})}{(\bar{\beta} z + \bar{\alpha})(\beta \bar{z}' + \alpha)}$$

$$= \frac{(|\beta|^2 - |\alpha|^2)z\bar{z}' + |\alpha|^2 - |\beta|^2}{(\bar{\beta} z + \bar{\alpha})(\beta \bar{z}' + \alpha)} = \frac{1 - zz'}{(\bar{\beta} z + \bar{\alpha})(\beta \bar{z}' + \alpha)} \tag{4.11}$$

であり, これらから (i) のはじめの等式が成り立つことがわかる. (終)

ここで前章で示した定理 3.6 (シュワルツの補題) の一般化を示そう.

定理 **4.2** (シュワルツ–ピック (**Schwarz–Pick**) の定理) f を $\triangle$ 上の正則関数で, 任意の $z \in \triangle$ に対して, $|f(z)| < 1$ なるものとする. このとき, $z, z' \in \triangle \ (z \neq z')$ に対し

(i) $\left| \dfrac{f(z) - f(z')}{1 - f(z)\overline{f(z')}} \right| \leqslant \left| \dfrac{z - z'}{1 - z\bar{z}'} \right|$,

(ii) $\dfrac{|f'(z)|}{1 - |f(z)|^2} \leqslant \dfrac{1}{1 - |z|^2}$

が成り立つ. また, ある 2 点 $z, z' \in \triangle \ (z \neq z')$ で (i) の等号, または (ii) の等号が成立する必要十分条件は $f \in \mathrm{Aut}(\triangle)$ となることである.

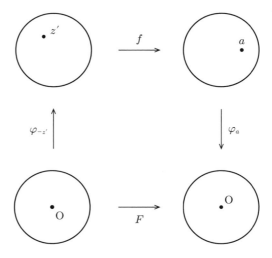

図 4.2 F は $F(0)=0$ をみたす.

[証明] $a = f(z') \in \triangle$ とおく. $\varphi_a(z) = \frac{z-a}{1-\bar{a}z} \in \mathrm{Aut}(\triangle)$ は $\varphi_a(a) = 0$, $\varphi_{-z'}(z) = \frac{z+z'}{1+\bar{z}'z} \in \mathrm{Aut}(\triangle)$ は $\varphi_{-z'}(0) = z'$ をみたす. よって,

$$F(w) = \varphi_a \circ f \circ \varphi_{-z'}(w) \quad (w \in \triangle)$$

とおくと, 任意の $w \in \triangle$ に対して $|F(w)| < 1$ であり, $F(0) = 0$ をみたす (図 4.2). よって定理 3.6 より

$$|F(w)| \leqslant |w| \tag{4.12}$$

である. $z = \varphi_{-z'}(w)$ とおけば, $w = \varphi_{z'}(z)$ であるから,

$$|\varphi_a \circ f(w)| \leqslant |\varphi_{z'}(z)| \tag{4.13}$$

(4.13) は (i) の不等式を示している. また, (4.13) において等号が成立するということは, (4.12) で等号が成立するということであるから, 定理 3.6 の等号成立条件から, $F(w) = e^{i\theta}w$, 特に $F \in \mathrm{Aut}(\triangle)$. したがって f も $\mathrm{Aut}(\triangle)$ の元である. 逆に $f \in \mathrm{Aut}(\triangle)$ ならば例題 4.2 から (i) で等号が成立する.

(ii) についても同様に証明することができる. 詳細は省略する. □

以下のように, $\mathrm{Aut}(\mathbb{H})$ についても同様の結果が成り立つ. 読者自ら証明されたい.

系 4.1 f を上半平面 $\mathbb{H}$ から $\mathbb{H}$ への正則関数とする. このとき,
$$\frac{|f'(z)|}{\mathrm{Im}\, f(z)} \leqslant \frac{1}{\mathrm{Im}\, z} \quad (z \in \mathbb{H})$$
が成立する. 等号は $f \in \mathrm{Aut}(\mathbb{H})$, かつそのときに限る.

第 5 章

有理型関数

5.1 リーマン球面

　3次元ユークリッド空間に原点で xy-平面に接する直径 1 の球面 S を考える．S の北極 $\mathrm{N}(0,0,1)$ から，S の点 $\mathrm{P}(\xi,\eta,\zeta)$ に半直線 L を引き，xy-平面との交点を $\mathrm{Q}(x,y,0)$ とする（図 5.1）．xy-平面は複素平面 $\mathbb{C}$ と同一視できるから，このような $\mathrm{P} \in S - \{\mathrm{N}\}$ と $\mathrm{Q} \in \mathbb{C}$ の対応で，$\mathbb{C}$ と $S - \{\mathrm{N}\}$ は同一視される．この対応を**立体射影**と呼ぶ．すなわち，立体射影によって，$\mathbb{C}$ と $S - \{\mathrm{N}\}$ が同一視されたわけである．

　そこで $\mathbb{C}$ に $\mathrm{N} \in S$ を仮想的に付け加えて考え，これを ∞ と書き，無限遠点と呼ぶ．$\mathbb{C}$ に無限遠点を加え $\hat{\mathbb{C}} = \mathbb{C} \cup \{\infty\}$ と記して，これを**リーマン球面**と呼ぶ．リーマン球面 $\hat{\mathbb{C}}$ の点 P が元々の $\mathbb{C}$ の点であれば，P の近傍は通常の $\mathbb{C}$ の近傍を考え，$\mathrm{P} = \infty$ ならば，P の近傍は $\mathbb{C}$ 内のコンパクト集合の補集合とする．これによって $\hat{\mathbb{C}}$ はコンパクトな位相空間となり，実際に立体射影を用いることで S と同相になる．

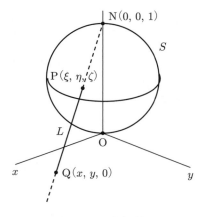

図 5.1　立体射影.

例題 **5.1** 立体射影による $\mathrm{P}(\xi, \eta, \zeta)$ と $\mathrm{Q}(x, y, 0)$ のそれぞれの座標の関係を求めよ.

[解答]　半直線 L の方程式は

$$\frac{\xi}{x} = \frac{\eta}{y} = \frac{1 - \zeta}{1}$$

で与えられる. したがって,

$$\xi = x(1 - \zeta), \quad \eta = y(1 - \zeta) \tag{5.1}$$

である. 一方, (ξ, η, ζ) は S 上の点であるから,

$$\xi^2 + \eta^2 + \left(\zeta - \frac{1}{2}\right)^2 = \frac{1}{4}$$

である. これより,

$$x^2(1 - \zeta)^2 + y^2(1 - \zeta)^2 + \zeta(\zeta - 1) = 0$$

を得る. $z = x + iy$ とおけば, $|z|^2 = x^2 + y^2$ より,

$$(\zeta - 1)|z|^2 + \zeta = 0$$

であることがわかる. よって $\zeta = |z|^2/(1 + |z|^2)$. 式 (5.1) より,

$$\xi = \frac{x}{1 + |z|^2}, \quad \eta = \frac{y}{1 + |z|^2}$$

を得る. また, $|z|^2 = \zeta/(1 - \zeta)$ であるから,

$$x = \xi(1 + |z|^2) = \frac{\xi}{1 - \zeta}, \quad y = \frac{\eta}{1 - \zeta}$$

となる. (終)

5.2　リーマン球面における正則性

これまで複素平面 $\mathbb{C}$ 内の領域で正則関数を考えてきたが, これをリーマン球面 $\hat{\mathbb{C}}$ 内の領域で考える.

f を $\hat{\mathbb{C}}$ 内の領域 D で定義された複素数値関数とする. $z_0 \in D$ における f の正則性を定義しよう. $\hat{\mathbb{C}} = \mathbb{C} \cup \{\infty\}$ であるから, $z_0 \in \mathbb{C}$ または $z = \infty$ である.

(i)　$z_0 \in \mathbb{C}$ ならば, f での z_0 の正則性はこれまでと同じ定義とする.

(ii)　$z_0 = \infty$ ならば, $\hat{\mathbb{C}}$ の位相の定義より, ある $R > 0$ が存在して, $U_0 := \{|z| > R\} \cup \{\infty\} \subset D$ が ∞ の近傍になる. $j(z) = z^{-1}$ とおくと,

$$\lim_{z \to \infty} j(z) = 0$$

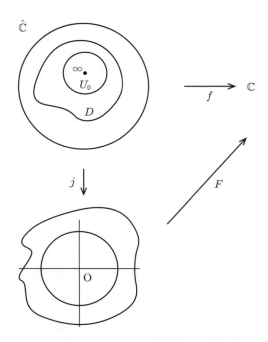

図 5.2 F の $z = \infty$ での正則性を定義する.

であるから, $j(\infty) = 0$ と定義すれば, j は U_0 から $\triangle(0; R^{-1})$ への同相写像となる. そこで, $\triangle(0; R^{-1})$ 上で, 関数 $F = f \circ j^{-1}$ を考え, F の $\triangle(0; R^{-1})$ での正則性で $z = \infty$ での正則性を定義する (図 5.2).

$\hat{\mathbb{C}}$ 内の領域 D から $\hat{\mathbb{C}}$ への写像についても同様に正則性を定義する.

f を領域 $D \subset \hat{\mathbb{C}}$ から $\hat{\mathbb{C}}$ への連続写像とする. このとき, $z_0 \in D$ での f の正則性を定義しよう. 上と同様に $z_0 \in \mathbb{C}$ と $z_0 = \infty$ の場合があるが, 今度はさらに $f(z_0) \in \mathbb{C}$ と $f(z_0) = \infty$ の場合が生じる.

(i) $f(z_0) \in \mathbb{C}$ のときは, f は z_0 の近傍を十分小さくとれば, そこで複素数値連続関数となるから, f の正則性は上述のように定義する.

(ii) $f(z_0) = \infty$ のときは, $j(z) = z^{-1}$ に対し, $F = j \circ f$ は z_0 の十分小さな近傍で複素数値となる. よって, 再び上述のように F の正則性が定義される. それを用いて f の ∞ での正則性の定義とする.

D から $\hat{\mathbb{C}}$ の写像 f が D で正則であるとき, f を D から $\mathbb{C}$ への**正則写像** (holomorphic mapping) という. また, f が領域 $D_1 \subset \hat{\mathbb{C}}$ 上正則で 1 対 1 であるとき, f は D_1 からその像 $D_2 := f(D_1)$ への全単射写像であるが, その逆写像 $f^{-1} : D_2 \to D_1$ も D_2 で正則になる. このとき, f を D_1 から D_2 の上への**等角写像** (conformal mapping) という.

例 5.1 (1) $D = \{|z| > 1\} \cup \{\infty\}$, $f(z) = \frac{1}{z}$ とする. このとき $F(z) = f \circ j^{-1}(z) = z$ であるから, f は D 上の正則関数である.

(2) $D = \{|z| > 1\} \cup \{\infty\}$, $g(z) = z$ とする. このとき

$$G(z) = j \circ g \circ j^{-1}(z) = z$$

であるから，G は $z = 0$ の近傍で正則である．よって g は D から $\hat{\mathbb{C}}$ への正則写像である．

(3) $f(z) = \frac{1}{z}$, $g(z) = z$ はともに $\hat{\mathbb{C}}$ から $\hat{\mathbb{C}}$ の上への等角写像である．

この定義から，次のことがわかる．

定理 5.1 $\hat{\mathbb{C}}$ 上の正則関数は定数に限る．

[証明] $f : \hat{\mathbb{C}} \to \mathbb{C}$ を正則関数とする．このとき，$|f(z)|$ は $\hat{\mathbb{C}}$ 上の実数値連続関数である．$\hat{\mathbb{C}}$ はコンパクトであったから，ある $z_0 \in \hat{\mathbb{C}}$ で $|f(z)|$ は最大値をとる．$z_0 \in \mathbb{C}$ の場合は，最大値原理（定理 3.5）を用いれば，f は定数になる．$z_0 = \infty$ の場合も，$F = f \circ j$ に最大値原理を用いて，f が定数であることが示される． □

定義 5.1 $\hat{\mathbb{C}}$ 内の領域 D で定義された正則写像 $f : D \to \hat{\mathbb{C}}$ で恒等的に ∞ でないものを D 上の**有理型関数** (meromorphic function) という．また，$f(a) = \infty$ となる点 $a \in D$ を f の**極** (pole) という．

$a \in D$ が f の極であるとする．$a \neq \infty$ とすると，極の定義より a は $F(z) := f(z)^{-1}$ とおくと，$F(a) = 0$ となっている．F は $z = a$ のある近傍で正則であるから，ある自然数 N がとれて，F は

$$F(z) = \sum_{n=N}^{\infty} a_n (z - a)^n \quad (a_N \neq 0) \tag{5.2}$$

なる巾級数展開を持つ．このとき，N を f の $z = a$ における極の**位数** (order) と呼ぶ．

(5.2) を元の f で表せば，

$$f(z) = \frac{1}{F(z)} = \frac{1}{\sum\limits_{n=N}^{\infty} a_n(z-a)^n} = \frac{1}{(z-a)^N} \cdot \frac{1}{a_N + a_{N+1}(z-a) + \cdots}$$

となる．ここで，

$$g(z) = a_N + a_{N+1}(z - a) + \cdots$$

とおくと，g も $z = a$ のある近傍で正則であり，かつ $g(a) = a_N \neq 0$ である．したがって，

$$\frac{1}{g(z)} = \frac{1}{a_N + a_{N+1}(z-a) + \cdots}$$

も $z = a$ の近傍で正則となり，巾級数展開

$$\frac{1}{g(z)} = c_0 + c_1(z-a) + \cdots$$

を持つ. 右辺は $z=a$ のある近傍で広義一様収束している. これを用いると,

$$f(z) = \frac{1}{(z-a)^N}\{c_0 + c_1(z-a) + \cdots\} \tag{5.3}$$

と書ける.

例題 5.2 ある $r>0$ が存在して, (5.3) の級数は $D_r^* = \{0 < |z-a| < r\}$ で広義一様収束することを示せ.

[解答] K を D_r^* のコンパクト集合とする. このとき, $0 < r_1 < r_2 < r$ なる r_1, r_2 が存在して,

$$K \subset A(r_1, r_2) := \{r_1 < |z-a| < r_2\} \subset D_r^*$$

となっている. (5.3) が $A(r_1, r_2)$ で一様収束することを示せばよい.

$h(z) = (z-a)^{-N}$ とおけば, 任意の $z \in A(r_1, r_2)$ に対して,

$$|h(z)| \leqslant r_1^{-N} \tag{5.4}$$

である. 級数

$$k(z) = \sum_{n=0}^{\infty} c_n (z-a)^n$$

の第 n 項までの部分和を $k_n(z)$ とすれば, $r>0$ を十分小さくしておけば, $A(r_1, r_2)$ で $k_n(z)$ は $k(z)$ に一様収束している. (5.3) の級数の第 n 項までの部分和は $h(z)k_n(z)$ であるから, (5.4) より,

$$|h(z)k_n(z) - h(z)k(z)| \leqslant r_1^{-N} |k_n(z) - k(z)|$$

となり, (5.3) の $A(r_1, r_2)$ での一様収束性がわかる. (終)

したがって, D 上の有理型関数 f が $a \in D$ において極を持つとき, ある $N \in \mathbb{N}$ と $r>0$ が存在して, f は $\{z \in \mathbb{C} \mid 0 < |z-a| < r\}$ において広義一様収束する級数で,

$$f(z) = \frac{c_{-N}}{(z-a)^N} + \frac{c_{-N+1}}{(z-a)^{N-1}} + \cdots + \frac{c_{-1}}{z-a} + c_0 + c_1(z-a)$$
$$+ \cdots c_n(z-a)^n + \cdots \tag{5.5}$$

と表される. (5.5) を f の $z=a$ における **ローラン** (Laurent) **展開**とよぶ. 特に $\frac{1}{z-a}$ の係数 c_{-1} を f の $z=a$ における **留数** (residue) とよび, $\mathrm{Res}(f; a)$ と書く.

例題 5.3 f のローラン展開 (5.5) において，各係数 $c_n\ (n \geqslant -N)$ は

$$c_n = \frac{1}{2\pi i} \int_{|z-a|=\rho} f(z)(z-a)^{-n-1}dz \tag{5.6}$$

で計算されることを示せ．ここに ρ は $0 < \rho < r$ なる任意の実数である．

[解答]　(5.5) より

$$\begin{aligned} f(z)(z-a)^{-n-1} = {} & c_{-N}(z-a)^{-N-n-1} + c_{-N+1}(z-a)^{-N-n+1} \\ & + \cdots + c_n(z-a)^{-1} + \cdots. \end{aligned} \tag{5.7}$$

(5.7) の右辺は $\{z \in \mathbb{C} \,|\, 0 < |z-a| < r\}$ で広義一様収束しているから，特に $\{|z-a| = \rho\}$ において一様収束している．したがって，

$$\begin{aligned} & \int_{|z-a|=\rho} f(z)(z-a)^{-n+1}dz \\ & = c_{-N} \int_{|z-a|=\rho} (z-a)^{-N-n-1}dz + c_{-N+1} \int_{|z-a|=\rho} (z-a)^{-N-n+1}dz \\ & \quad + \cdots + c_n \int_{|z-a|=\rho} (z-a)^{-1}dz + \cdots \end{aligned}$$

となる．ここで，

$$\int_{|z-a|=\rho} (z-a)^n dz = \begin{cases} 2\pi i & (n = -1), \\ 0 & (n \neq -1) \end{cases}$$

を用いれば，

$$\int_{|z-a|=\rho} f(z)(z-a)^{-n-1}dz = 2\pi i c_n$$

となり求める結果を得る．（終）

(5.6) において特に $n = -1$ とおけば，

$$c_{-1} = \mathrm{Res}(f; a) = \frac{1}{2\pi i} \int_{|z-a|=\rho} f(z)dz,$$

すなわち，

$$\int_{|z-a|=\rho} f(z)dz = 2\pi i\, \mathrm{Res}(f; a) \tag{5.8}$$

が得られる．これは積分が留数を用いて表される，つまり積分計算が留数の計算に還元されることを意味している．実際，次の定理が成り立つ．

定理 5.2（留数定理）　f を領域 $D \subset \mathbb{C}$ 上の有理型関数とする．$\Omega \subset D$ を，境界 $\partial\Omega$ が互いに交わらない D 内の有限個の区分的に滑らかな閉曲線であるような領域で，f は $\partial\Omega$ 上に極を持たないとする．このとき，

$$\int_{\partial\Omega} f(z)dz = 2\pi i \sum_{\substack{a\in\Omega \\ a \text{ は } f \text{ の極}}} \operatorname{Res}(f;a)$$

が成り立つ.

[証明] f の極は $\frac{1}{f(z)} = 0$ なる z であったから, 一致の定理より, f の極全体は D 内に集積点を持たない. すなわち D 内の離散集合である. よって, Ω に含まれる f の極は高々有限個である. それを $a_1, \cdots, a_N$ とする. 各 a_i $(i = 1, \cdots, N)$ を中心とする十分小なる円板 $\triangle_i$ を $\bar{\triangle}_i \subset \Omega$, $\triangle_i \cap \triangle_j = \phi$ $(i \neq j)$ となるようにとる. ここで, $\widetilde{\Omega} = \Omega - \bigcup_{i=1}^{N} \triangle_i$ とすれば, f は $\widetilde{\Omega}$ で正則である. よってコーシーの定理より,

$$0 = \int_{\partial\widetilde{\Omega}} f(z)dz = \int_{\partial\Omega} f(z)dz - \sum_{i=1}^{N} \int_{\partial\triangle_i} f(z)dz$$

となる. ただし $\triangle_i$ の境界 $\partial\triangle_i$ の向きは, $\triangle_i$ に関して正, すなわち反時計回りとする. ここで (5.8) を用いれば, 求める関係式を得る. □

無限遠点での留数. 上では $z = a \in \mathbb{C}$ での留数を定義したが, f が無限遠点 ∞ で極を持つときに, ∞ での留数を定義しよう. 既に見たように, $\mathbb{C}$ 内の極における留数の値は, 極のまわりの円周の線積分と等しいものになった. 無限遠点 ∞ での留数はこれを用いて定義する. すなわち, f が ∞ のある近傍で有理型で ∞ で極を持つとする. このとき, ∞ での f の留数 $\operatorname{Res}(f;\infty)$ を

$$\operatorname{Res}(f;\infty) = \frac{-1}{2\pi i} \int_{|z|=R} f(z)dz \tag{5.9}$$

で定義する. ただし, $R > 0$ は十分大にとって, 領域 $\{R < |z| < \infty\}$ で f が正則になるようにしておく. (5.9) の右辺がマイナス (−) であるのは, 円 $\{|z| = R\}$ の正の向きが, ∞ から見れば負の向きであることによる (図 5.3).

すなわち, $\operatorname{Res}(f;\infty)$ を, ∞ を正の向きに回る円周の線積分として定義するわけである.

f が ∞ で極を持てば,

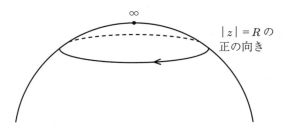

図 5.3　∞ では負の向き.

$$g(w) = \frac{1}{f\left(\frac{1}{w}\right)}$$

とおいたとき，g は $w = 0$ のある近傍で正則で，$g(0) = 0$ となる．よって，ある $N \in \mathbb{N}$ が存在して，

$$g(w) = a_N w^N + a_{N+1} w^{N+1} + \cdots \quad (a_N \neq 0)$$

と書け，

$$f\left(\frac{1}{w}\right) = \frac{1}{g(w)} = \frac{1}{w^N} \cdot \frac{1}{a_N + a_{N+1}w + \cdots} \tag{5.10}$$

となる．ここで，

$$h(w) = \frac{1}{a_N + a_{N+1}w + \cdots}$$

とおくと，$h(w)$ は $w = 0$ の近傍で正則であるから，巾級数展開

$$h(w) = c_{-N} + c_{-N+1}w + \cdots + c_1 w^{N+1} + \cdots$$

を持つ．これは (5.10) から，

$$f\left(\frac{1}{w}\right) = \frac{c_{-N}}{w^N} + \cdots + c_1 w + \cdots \tag{5.11}$$

を意味する．(5.11) の級数は，ある $\rho > 0$ に対し $\{0 < |w| < \rho\}$ で広義一様収束している．$z = \frac{1}{w}$ とおけば，

$$f(z) = c_{-N} z^N + \cdots + \frac{c_1}{z} + \cdots \tag{5.12}$$

(5.12) は $\{|z| > \frac{1}{\rho}\}$ で広義一様収束している．したがって，$R > \frac{1}{\rho}$ に対し，

$$\begin{aligned}
\mathrm{Res}(f; \infty) &= -\frac{1}{2\pi i} \int_{|z|=R} f(z) dz \\
&= -\frac{1}{2\pi i} \int_{|z|=R} \frac{c_1}{z} dz = -c_1
\end{aligned}$$

となっている．つまり，$\mathrm{Res}(f; \infty)$ は (5.12) のように展開したときは $\frac{1}{z}$ の係数のマイナスで与えられる．

第 6 章
孤立特異点と留数

6.1 孤立特異点の分類

有理型関数の極のように，その点のある近傍が存在して，その点以外で関数 f が正則であるとき，これを f の**孤立特異点**（isolated singularity）という．

$z = a$ を f の孤立特異点とする．これは $z = a$ で f の値を知らない，という意味で，「特異点」と称しているので，必ず変なことが起こっているという意味ではない．実際，次のことが言える．

> **定理 6.1**（リーマン）$z = a$ が f の孤立特異点で，f が $z = a$ の近傍で有界であるとする．すなわち，ある $R > 0$ が存在して，f が $\{z \in \mathbb{C} \mid 0 < |z - a| < R\}$ で有界とする．このとき，f は $z = a$ まで正則関数として拡張される．

[証明] $0 < r < R$ なる r をとる．$r < |z - a| < R$ である z に対し，コーシーの積分表示より

$$f(z) = \frac{1}{2\pi i} \int_{|\zeta - a| = R} \frac{f(\zeta)}{\zeta - z} d\zeta - \frac{1}{2\pi i} \int_{|\zeta - a| = r} \frac{f(\zeta)}{\zeta - z} d\zeta \tag{6.1}$$

である．ただし，積分路は両方とも反時計回りである．また，仮定より，ある $M > 0$ が存在して，円 $\{|\zeta - a| = r\}$ 上，$|f(\zeta)| \leqslant M$ となる．この M は r に依存しない．ここで $r \to 0$ とする．このとき，$|\zeta - z| \to |z - a|$ であるから，$|\zeta - z| \geqslant \frac{1}{2}|z - a|$ と仮定してよい．これより，

$$\left| \frac{1}{2\pi i} \int_{|\zeta - a| = r} \frac{f(\zeta)}{\zeta - z} d\zeta \right| \leqslant \frac{1}{2\pi} \int_{|\zeta - a| = r} \frac{|f(\zeta)|}{|\zeta - z|} |d\zeta|$$

$$\leqslant \frac{M}{2\pi} \cdot \frac{2}{|z - a|} \int_{|\zeta - a| = r} |d\zeta| = \frac{M}{|z - a|} \cdot \frac{1}{\pi} \cdot 2\pi r$$

$$= \frac{2Mr}{|z - a|} \to 0 \quad (r \to 0).$$

よって (6.1) から，

$$f(z) = \frac{1}{2\pi i} \int_{|\zeta-a|=R} \frac{f(\zeta)}{\zeta - z} d\zeta \tag{6.2}$$

を得る．ここで次の問題を考えよう．

例題 6.1 φ を円 $\{|z-a| = R\}$ で連続な関数とする．このとき，(6.2) の形で定義される関数

$$f(z) = \frac{1}{2\pi i} \int_{|\zeta-a|=R} \frac{\varphi(\zeta)}{\zeta - z} d\zeta \tag{6.3}$$

は $\{|z-a| < R\}$ で正則であることを示せ．

[**解答**]　解答の方法はいくつかあるが，ここでは最も素朴な方法を使う．

f の微分可能性は $h \to 0$ のとき，

$$\frac{1}{h}\{f(z+h) - f(z)\}$$

の極限値の存在で定義される．(6.3) の定義を用いれば，

$$\begin{aligned}
\frac{1}{h}\{f(z+h) - f(z)\} &= \frac{1}{2\pi i} \cdot \frac{1}{h} \int_{|\zeta-a|=R} \varphi(\zeta) \left\{ \frac{1}{\zeta - z - h} - \frac{1}{\zeta - z} \right\} d\zeta \\
&= \frac{1}{2\pi i} \int_{|\zeta-a|=R} \frac{\varphi(\zeta)}{(\zeta - z)(\zeta - z - h)} d\zeta
\end{aligned}$$

を得る．

ここで $h \to 0$ とすれば，被積分関数

$$\frac{\varphi(\zeta)}{(\zeta - z)(\zeta - z - h)}$$

は $|\zeta - a| = R$ 上，ζ の関数として一様収束している．よって積分と極限操作は交換でき，

$$\begin{aligned}
\lim_{h \to 0} \frac{1}{h}\{f(z+h) - f(z)\} &= \frac{1}{2\pi i} \int_{|\zeta-a|=R} \lim_{h \to 0} \frac{\varphi(\zeta)}{(\zeta - z)(\zeta - z - h)} d\zeta \\
&= \frac{1}{2\pi i} \int_{|\zeta-a|=R} \frac{\varphi(\zeta)}{(\zeta - z)^2} d\zeta
\end{aligned}$$

を得る．したがって φ は $\{|z-a| < R\}$ で正則である．（終）

定理の証明は，例題 6.1 の主張からほぼ自明である．なぜなら，(6.2) より右辺は $z = a$ でも正則になるからである． $\square$

注意 6.1　(6.3) の右辺を**コーシー積分**という．例題 6.1 はコーシー積分が正則であることを主張するが，その境界値は一般に φ と一致しない．

この定理を用いると，リウヴィルの定理の別証明を与えることができる，

系 6.1　$\mathbb{C}$ 上有界な正則関数は定数に限る．

[証明]　f を $\mathbb{C}$ 上有界な正則関数とする．ここで，

$$g(z) = f\left(\frac{1}{z}\right)$$

とおくと，g は $\{0 < |z| < 1\}$ で正則かつ有界である．よって，定理 6.1 より $z = 0$ でも g は正則になる．これより，f はリーマン球面 $\widehat{\mathbb{C}}$ 全体で正則になる．よって定理 5.1 から f は定数となる．　　　　　　　　　　$\square$

定理 6.1 のように，孤立特異点であるが，実際はその点まで関数が正則になってしまうようなものを，**除去可能特異点**（removable singularity）という．一方，前章で考えた極は，除去可能でない特異点である．

除去可能特異点でも極でもない特異点を**真性特異点**（essential singularity）という．

6.2　集積値集合

$z = a$ を正則関数 f の孤立特異点とする．このとき，$z = a$ に近づく点列による f の極限値全体 $C(f; a)$ を考える．すなわち，

$$C(f; a) = \{\alpha \in \widehat{\mathbb{C}} \mid \text{ある点列 } \{a_n\}_{n=1}^{\infty} \text{で，} a_n \to a$$
$$\text{かつ } f(a_n) \to \alpha \text{ なるものが存在する}\}$$

と定義する．$C(f; a)$ を f の a における**集積値集合**（cluster set）という．$C(f; a)$ は $\widehat{\mathbb{C}}$ の閉集合である．

定理 6.1 は除去可能特異点であるための十分条件を与えるものだが，この主張の逆はやさしい．したがって，$z = a$ の近傍での f の有界性は，$z = a$ が f の除去可能特異点であるための必要十分条件である．また，$z = a$ が f の極ならば，$z \to a$ のとき $f(z) \to \infty$ である．実際，この逆も正しい．すなわち，次のことが成り立つ．

> **定理 6.2**　$z = a$ を f の孤立特異点とする．このとき，$z = a$ が f の極であるための必要十分条件は，
>
> $$\lim_{z \to a} f(z) = \infty$$
>
> となることである．

[証明]　必要性は上で述べたとおりである．十分性を示す．$z \to a$ のとき，$f(z) \to \infty$ とすると，任意の $R > 0$ に対して，ある $\delta > 0$ が存在して，$0 < |z - a| < \delta$ のとき，$|f(z)| > R$ となる．ここで，

$$g(z) = \frac{1}{f(z)}$$

とおくと，$z = a$ は g の孤立特異点で，$0 < |z - a| < \delta$ のとき，$|g(z)| = |f(z)|^{-1} < R^{-1}$ となり，g は有界である．したがって，定理 6.1 より g は $z = a$ でも正則になる．これは f を $\widehat{\mathbb{C}}$ への写像とみたとき，$f(a) = \infty$，かつ正則写像になっていることを示している．よって定義より，$z = a$ は f の極である．□

以上のことから，孤立特異点の分類を次のように，集積値集合を用いて特徴付けることができる．

> 点 a を正則関数 f の孤立特異点とする．このとき，次が成り立つ．
> (i) a が f の除去可能特異点
> $\iff$ ある $\alpha \in \mathbb{C}$ が存在して $C(f; a) = \{\alpha\}$.
> (ii) a が f の極
> $\iff C(f; a) = \{\infty\}$.
> (iii) a が f の真性特異点
> $\iff C(f; a)$ が 2 点以上からなる．

> **例題 6.2** $0 < |z|$ で $f(z) = e^{\frac{1}{z}}$ とすると，$z = 0$ は f の真性特異点であることを示せ．

[解答] $a_n = n^{-1}$ とおくと，$a_n \to 0 \ (n \to \infty)$ であるが，

$$f(a_n) = e^n \to +\infty \quad (n \to \infty).$$

また，$b_n = (2\pi i n)^{-1}$ とおくと，$b_n \to 0$ かつ，

$$f(b_n) = e^{2\pi i n} = 1.$$

よって，$C(f; a) \ni \infty, 1$，となり $z = 0$ は f の真性特異点であることがわかる．（終）

点 a が f の真性特異点であるとき，その集積値集合 $C(f; a)$ は 2 点以上の集合になっているが，実際はもっと巨大な集合である．

> **定理 6.3**（ワイエルシュトラス（**Weierstrass**）） $z = a$ を f の真性特異点とする．このとき，$C(f; a) = \widehat{\mathbb{C}}$ である．

[証明] $C(f; a) \subsetneq \widehat{\mathbb{C}}$ と仮定して矛盾をみちびく．集積値集合 $C(f; a)$ は $\widehat{\mathbb{C}}$ の閉集合であったから，$C(f; a)$ の補集合は開集合で，仮定より空集合ではない．α_0 を $\mathbb{C} \backslash C(f; a)$ から選べば，ある $\varepsilon > 0$ が存在して，

$$\{w \in \mathbb{C} \mid |w - \alpha_0| < \varepsilon\} \cap C(f; a) = \phi$$

となる．したがって，$\rho > 0$ を十分小にとれば，

$$f(\{z \in \mathbb{C} \mid 0 < |z-a| < \rho\}) \cap \left\{w \in \mathbb{C} \,\middle|\, |w - \alpha_0| < \frac{\varepsilon}{2}\right\} = \phi$$

となる．実際，このような ρ が存在しないと仮定すれば，任意の $n \in \mathbb{N}$ に対して，$0 < |z_n - a| < n^{-1}$，かつ $|f(z_n) - \alpha_0| < \varepsilon/2$ となるものが存在する．これは

$$C(f;a) \cap \left\{w \in \mathbb{C} \,\middle|\, |w - \alpha_0| \leqslant \frac{\varepsilon}{2}\right\} \neq \phi$$

を意味するゆえ矛盾である．

このとき，$g(z) = (f(z) - \alpha_0)^{-1}$ とおけば，$0 < |z-a| < \rho$ で，$|g(z)| < 2/\varepsilon$ となる．よって，g は $z = a$ の近傍であり，したがって定理 6.1 より，$z = a$ は g の除去可能特異点である．したがって，$C(g;a)$ は 1 点からなるが，

$$f(z) = \alpha_0 + g(z)^{-1}$$

より，$C(f;a)$ も 1 点からなる．これは $z = a$ が f の真性特異点であることに反する． $\square$

例題 6.3 α を 0 でない任意の複素数とする．このとき，任意の $n \in \mathbb{N}$ に対して，

$$e^{\frac{1}{z}} = \alpha$$

を満たす z で $|z| < n^{-1}$ となるものが存在することを示せ．

[解答] $\alpha \neq 0$ であるから，α は極座標を用いて，

$$\alpha = re^{i\theta} \quad (r > 0,\ 0 \leqslant \theta < 2\pi)$$

とあらわされる．よって，

$$e^{\frac{1}{z}} = \alpha \iff \frac{1}{z} = \log \alpha.$$

また，$\log \alpha = \log r + i(\theta + 2k\pi)\ (k \in \mathbb{Z})$ となるから，

$$z = \frac{1}{\log r + i(\theta + 2k\pi)}.$$

ここで $k \to \infty$ すれば，$|z| \to 0$ となる．よって，$|z| < \varepsilon$ となるように k を十分大にとれば，題意の z の存在がわかる．（終）

例題 6.2 より，$z = 0$ は $e^{\frac{1}{z}}$ の真性特異点であった．一方，例題 6.3 は $e^{\frac{1}{z}}$ の真性特異点 $z = 0$ の任意の近傍においては 0 以外の任意の複素数 α に対し，方程式

$$e^{\frac{1}{z}} = \alpha$$

は常に根を持つことを示すものであった．実はこの現象は真性特異点において常に生じる．次の事実が知られている．

定理 6.4（ピカール（**Picard**））　$z = a$ を正則関数 f の真性特異点とする. このとき, 高々 1 つの複素数 α を除き, $z = a$ の任意の近傍で, 方程式

$$f(z) = \alpha$$

は常に根を持つ.

　上記定理の証明は第 9 章で与える.

6.3　ローラン展開と真性特異点

　前章でリーマン球面への正則写像として有理型関数を定義し, さらに, 無限遠点の逆像として極を定義したのであった. 領域 $D \subset \mathbb{C}$ 上の有理型関数 f に対し, $a \in D$ が f の極ならば, $f(a) = \infty$ であり, かつその正則性から f の $z = a$ の回りでのローラン展開

$$f(z) = \frac{c_{-N}}{(z-a)^N} + \frac{c_{-N+1}}{(z-a)^{N-1}} + \cdots + \frac{c_{-1}}{z-a} + c_0 + c_1(z-a)$$
$$+ \cdots + c_n(z-a)^n + \cdots \tag{6.4}$$

が可能になる. ここで $N \in \mathbb{N}$ は f の a で極の位数である. 係数 c_{-1} は f の a での留数 $\mathrm{Res}(f; a)$

$$c_{-1} = \frac{1}{2\pi i} \int_{|z-a|=\rho} f(z) dz$$

と計算される. ここで $\rho > 0$ は十分小なものである.

　ある $N \in \mathbb{N}$ に対して, f が $z = a$ の近傍で (6.4) の展開を持つことと, $z = a$ が f の極であることは同値である. これは容易に確かめられる.

　一方, ある $R > 0$ に対し, f が $\{0 < |z-a| < R\}$ で正則, すなわち $z = a$ が f の孤立特異点ならば, f は

$$f(z) = \sum_{n=1}^{\infty} \frac{c_{-n}}{(z-a)^n} + \sum_{n=0}^{\infty} c_n(z-a)^n \tag{6.5}$$

と表示される.

　この表示もコーシーの積分定理の 1 つの応用である. ここではその証明の概略を述べる.

　$0 < r_1 < r_2 < R$ なる r_1, r_2 をとる. $r_1 < |z-a| < r_2$ のとき, コーシーの積分表示から（図 6.1 参照）,

$$f(z) = \frac{1}{2\pi i} \left\{ \int_{|\zeta-a|=r_2} \frac{f(\zeta)}{\zeta - z} d\zeta - \int_{|\zeta-a|=r_1} \frac{f(\zeta)}{\zeta - z} d\zeta \right\} \tag{6.6}$$

を得る. $|\zeta - a| = r_2$ のとき, $|z-a|/|\zeta-a| < 1$ であるから,

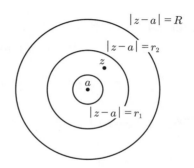

$|z-a| = R$

$|z-a| = r_2$

z

a

$|z-a| = r_1$

図 6.1　積分路.

$$\frac{f(\zeta)}{\zeta - z} = \frac{f(\zeta)}{\zeta - a - (z - a)} = \frac{1}{\zeta - a} \cdot \frac{f(\zeta)}{1 - \frac{z-a}{\zeta-a}}$$

$$= \frac{1}{\zeta - a} \sum_{n=0}^{\infty} f(\zeta) \left(\frac{z-a}{\zeta-a} \right)^n. \tag{6.7}$$

また，$|\zeta - a| = r_1$ のとき，$|\zeta - a|/|z - a| < 1$ であるから，

$$\frac{f(\zeta)}{\zeta - z} = \frac{f(\zeta)}{\zeta - a - (z - a)} = -\frac{1}{z - a} \cdot \frac{f(\zeta)}{1 - \frac{\zeta-a}{z-a}}$$

$$= -\frac{1}{z - a} \sum_{n=0}^{\infty} f(\zeta) \left(\frac{\zeta-a}{z-a} \right)^n. \tag{6.8}$$

(6.7)，(6.8) はそれぞれ ζ について一様収束するから，これらを (6.6) に代入すれば，(6.5) を得る.

これまでと同様 (6.5) を f のローラン（Laurent）展開という. また，$z - a$ の巾が負の部分，すなわち，$\sum_{n=1}^{\infty} c_{-n}(z - a)^{-n}$ を f の**ローラン展開の主要部**という. また，c_{-1} は f の a における留数とよび，$\mathrm{Res}(f; a)$ と書くのも同じである. これを用いると，f の孤立特異点の分類は次のようになる.

(i)　a が f の除去可能特異点
　　$\Longleftrightarrow$ ローラン展開の主要部が 0.

(ii)　a が f の極
　　$\Longleftrightarrow$ f のローラン展開の主要部が有限個の 0 でない項からなる.

(iii)　a が f の真性特異点
　　$\Longleftrightarrow$ f のローラン展開の主要部が無限個の 0 でない項からなる.

6.4　留数の計算

孤立特異点における留数は，その特異点の回りの円周に沿っての積分で定義されたが，実際の留数の計算は積分を用いなくても可能な場合が多い.

> **例題 6.4** 以下の留数を求めよ.
>
> (1) $f(z) = \dfrac{\cos z}{z^3}$ に対し $\operatorname{Res}(f; 0)$.
>
> (2) $f(z) = \dfrac{z}{(z-2)^2}$ に対し $\operatorname{Res}(f; 2)$.

[解答] (1) $\cos z$ の $z = 0$ についての巾級数展開

$$\cos z = 1 - \frac{z^2}{2!} + \frac{z^4}{4!} - \cdots$$

より,

$$\frac{\cos z}{z^3} = \frac{1}{z^3} - \frac{1}{2!} \cdot \frac{1}{z} + \frac{1}{4!} z + \cdots.$$

よって, $\operatorname{Res}(f; 0) = -\dfrac{1}{2}$.

(2) $f(z) = \dfrac{z}{(z-2)^2} = \dfrac{(z-2)+2}{(z-2)^2} = \dfrac{2}{(z-2)^2} + \dfrac{1}{z-2}$.

よって, $\operatorname{Res}(f; 2) = 1$. (終)

実際には極の位数がわかれば, その留数は簡単に計算できる. $f(z)$ の $z = a$ における極の位数が N ならば,

$$f(z) = \frac{c_{-N}}{(z-a)^N} + \cdots + \frac{c_{-1}}{z-a} + c_0 \cdots$$

であるから,

$$(z-a)^N f(z) = c_{-N} + \cdots + c_{-1}(z-a)^{N-1} + c_0(z-a)^N + \cdots$$

である. したがって,

$$\operatorname{Res}(f; a) = c_{-1} = \frac{1}{(N-1)!} \cdot \frac{d^{N-1}}{dz^{N-1}} (z-a)^N f(z) \Big|_{z=a}$$

で計算される.

このように, 留数そのものが積分とは別の方法で計算される. したがって, 逆に積分を計算する際に, 留数を用いるということが可能になるのである.

第 7 章

積分計算，偏角の原理とルーシェの 定理

7.1 留数を用いた積分計算

前章で，留数を積分計算に用いることができる，と述べたが，それを具体的な問題を通して確かめてみよう．次の定理は第 5 章で示したが，本章では中心的な役割を果たすので，再びあげておく．

> **定理 7.1**（留数定理） f を領域 $D \subset \mathbb{C}$ 上の有理型関数とする．$\Omega \subset D$ を，境界 $\partial\Omega$ が互いに交わらない D 内の有限個の区分的に滑らかな閉曲線であるような領域で，f は $\partial\Omega$ 上に極を持たないとする．このとき，
>
> $$\int_{\partial\Omega} f(z)dz = 2\pi i \sum_{\substack{a \in \Omega \\ a \text{ は } f \text{ の極}}} \mathrm{Res}(f;a)$$
>
> が成り立つ．

例題 7.1 以下の積分の値を求めよ．

(a) $\displaystyle\int_0^\infty \frac{1}{1+x^4}dx$

(b) $\displaystyle\int_0^{2\pi} \frac{1}{1+a\cos\theta}d\theta \quad (-1 < a < 1)$

[**解答**] (a) $f(z) = \dfrac{1}{1+z^4}$ とおく．実数 $x(\neq 0)$ に対し

$$|f(x)| = \frac{1}{|x|^2} \cdot \frac{1}{|x|^2 + \frac{1}{|x|^2}}$$

であり，

$$|x|^2 + \frac{1}{|x|^2} \geqq 2$$

であるから，

$$|f(x)| \leqq \frac{1}{2} \cdot \frac{1}{x^2}. \tag{7.1}$$

一方，特異積分，

$$\int_1^\infty \frac{1}{x^2} dx$$

は存在するから，$\lim_{x\to 0} f(x) = 1$ を考えれば，(7.1) より

$$\int_0^\infty \frac{1}{1+x^4} dx = \int_0^\infty f(x) dx$$

も存在することがわかる．また，$f(x) = f(-x)$ であるから，

$$\int_0^\infty f(x) dx = \frac{1}{2} \int_{-\infty}^\infty f(x) dx.$$

したがって，積分

$$\int_{-\infty}^\infty f(x) dx$$

を計算できればよい．

$R > 0$ に対して，図 7.1 のような積分路を考える．

$$I_R = [-R, R], \quad C_R = \left\{ z = Re^{i\theta} | 0 \leqq \theta \leqq \pi \right\}$$

とおく．

$$\alpha = e^{\frac{\pi}{4}i} = \frac{\sqrt{2}}{2} + \frac{\sqrt{2}}{2}i,$$
$$z^4 + 1 = (z - \alpha)(z - \bar{\alpha})(z - i\alpha)(z + i\bar{\alpha})$$

であるから，定理 7.1 より，

$$\int_{C_R + I_R} f(z) dz = 2\pi i (\mathrm{Res}(f; \alpha) + \mathrm{Res}(f; i\alpha)) \tag{7.2}$$

である．ここで $\lim_{z\to\infty} z^2 f(z) = \infty$ に注意すれば，十分大なる $R > 0$ に対し

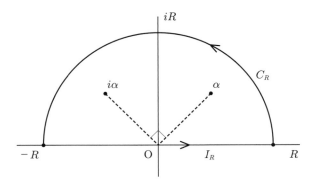

図 7.1 積分路.

て，C_R 上 $|f(z)| \leqq \dfrac{1}{2}R^{-2}$ である．したがって，

$$\left| \int_{C_R} f(z)dz \right| \leqq \int_{C_R} |f(z)||dz| \leqq \frac{1}{2} \cdot \frac{1}{R^2} \int_{C_R} |dz|$$
$$= \frac{1}{2} \cdot \frac{1}{R^2}\pi R = \frac{\pi}{2R} \to 0 \quad (R \to \infty). \tag{7.3}$$

一方，

$$\int_{-\infty}^{\infty} f(x)dx = \lim_{R \to \infty} \int_{I_R} f(z)dz$$

である．したがって (7.2) と (7.3) から

$$\int_{-\infty}^{\infty} f(x)dx = 2\pi i(\mathrm{Res}(f;\alpha) + \mathrm{Res}(f;i\alpha))$$

となる．

f は $z = \alpha, i\alpha$ で 1 位の極を持つから，

$$\mathrm{Res}(f;\alpha) = \lim_{z \to \alpha}(z - \alpha)f(z) = ((\alpha - \bar{\alpha})(\alpha - i\alpha)(\alpha + i\bar{\alpha}))^{-1},$$
$$\mathrm{Res}(f;i\alpha) = \lim_{z \to i\alpha}(z - i\alpha)f(z) = ((i\alpha - \alpha)(i\alpha - \bar{\alpha})(i\alpha + i\bar{\alpha}))^{-1}$$

と計算される．$\alpha = \dfrac{\sqrt{2}}{2} + \dfrac{\sqrt{2}}{2}i$ より，図形的に考えて，$i\alpha = -\bar{\alpha}$, よって，$\alpha = i\bar{\alpha}$ を得る．したがって，

$$\alpha - \bar{\alpha} = \sqrt{2}i, \quad \alpha - i\alpha = \alpha + \bar{\alpha} = \sqrt{2}, \quad \alpha + i\bar{\alpha} = 2\alpha$$

を得る．また $|\alpha|^2 = \alpha\bar{\alpha} = 1$ より，$\alpha^{-1} = \bar{\alpha}$ に注意して，

$$\mathrm{Res}(f;\alpha) = (2i \cdot 2\alpha)^{-1} = (4i\alpha)^{-1} = \frac{1}{4i}\bar{\alpha},$$
$$\mathrm{Res}(f;i\alpha) = (-\sqrt{2} \cdot (-2\bar{\alpha}) \cdot \sqrt{2}i)^{-1} = (4i\bar{\alpha})^{-1} = \frac{1}{4i}\alpha$$

となるゆえ，

$$2\pi i(\mathrm{Res}(f;\alpha) + \mathrm{Res}(f;i\alpha)) = 2\pi i \cdot \frac{1}{4i}(\alpha + \overline{\alpha}) = \frac{\pi}{2}(\alpha + \bar{\alpha}) = \frac{\sqrt{2}}{2}\pi$$

となる．したがって

$$\int_0^{\infty} \frac{1}{1 + x^4}dx = \frac{1}{2} \cdot \frac{\sqrt{2}}{2}\pi = \frac{\sqrt{2}}{4}\pi$$

となる．

(b) $z = e^{i\theta} = \cos\theta + i\sin\theta$ とおくと，

$$\frac{1}{z} = \cos\theta - i\sin\theta$$

である．よって，

$$\cos\theta = \frac{1}{2}\left(z + \frac{1}{z}\right).$$

一方，このとき，$dz = ie^{i\theta}d\theta = iz d\theta$ であるから，

$$d\theta = \frac{1}{iz}dz.$$

したがって，

$$\int_0^{2\pi} \frac{1}{1 + a\cos\theta}d\theta = \int_{|z|=1} \frac{1}{1 + \frac{a}{2}(z + z^{-1})} \cdot \frac{dz}{iz}$$

$$= -2i\int_{|z|=1} \frac{dz}{az^2 + 2z + a}. \tag{7.4}$$

$-1 < a < 1$ であるから，$az^2 + 2z + a$ の判別式 $d = 1 - a^2$ は正で，$az^2 + 2z + a = 0$ は 2 つの異なる実数解

$$\alpha = \frac{-1 - \sqrt{d}}{a}, \quad \beta = \frac{-1 + \sqrt{d}}{a}$$

を持つ．また，$|\alpha| > 1 > |\beta|$ である．よって，$f(z) = \left(az^2 + 2z + a\right)^{-1}$ に対して，$z = \beta$ は $|z| < 1$ における $f(z)$ の唯一の極で，その位数は 1 である．

よって定理 7.1 と (7.4) より，

$$\int_0^{2\pi} \frac{d\theta}{1 + a\cos\theta} = -2i\int_{|z|=1} f(z)dz = 4\pi\operatorname{Res}(f;\beta)$$

を得る．$z = \beta$ における f の留数計算は

$$\operatorname{Res}(f;\beta) = \lim_{z\to\beta}(z - \beta)f(z) = \frac{1}{a}\cdot\frac{1}{\beta - \alpha} = \frac{1}{a}\cdot\frac{a}{2\sqrt{d}} = \frac{1}{2}\cdot\frac{1}{\sqrt{1 - a^2}}.$$

したがって，

$$\int_0^{2\pi} \frac{d\theta}{1 + a\cos\theta} = \frac{2\pi}{\sqrt{1 - a^2}}$$

である．（終）

この例題 (a) の解法から次のことがわかる．

$P(z), Q(z)$ を多項式で，任意の $x \in \mathbb{R}$ に対し $Q(x) \neq 0$，かつ $(Q$ の次数$)$ $\geqslant (P$ の次数$) + 2$ であるとする．このとき，有理式 $R(z) = P(z)/Q(z)$ について，

$$\int_{-\infty}^{\infty} R(x)dx = 2\pi i \sum_{\alpha \in \mathbb{H}} \operatorname{Res}(R;\alpha)$$

が成り立つ．ただし $\mathbb{H} = \{z \in \mathbb{C} | \operatorname{Im} z > 0\}$．

また例題 (b) のように，$\cos\theta, \sin\theta$ の関数を $[0, 2\pi]$ で積分する問題については，$z = e^{i\theta}$ とおいて

$$\cos\theta = \frac{1}{2}(z + z^{-1}), \quad \sin\theta = \frac{1}{2i}(z - z^{-1}), \quad d\theta = \frac{1}{iz}dz$$

と変数変換を行い，z の関数とみて $|z| = 1$ 上の積分に書き直すことができる．こうすると，積分計算は (b) のように，留数計算に帰着させることが可能になる．

7.2 偏角の原理

f を領域 $D \subset \mathbb{C}$ 上の有理型関数で，$z = a \in D$ で n 位の零点を持つとする．このとき，f は $z = a$ の近傍で，

$$f(z) = (z - a)^n g(z)$$

と書ける．ただし，g は $z = a$ の近傍で正則で，$g(a) \neq 0$ なるある関数である．ここで，局所的に

$$\log f(z) = n \log(z - a) + \log g(z)$$

と書けることに注意して，この両辺の微分をとれば，

$$\frac{f'(z)}{f(z)} = \frac{n}{z - a} + \frac{g'(z)}{g(z)} \tag{7.5}$$

を得る．(7.5) の右辺の第 2 項 $g'(z)/g(z)$ は $g(a) \neq 0$ より，$z = a$ のある近傍で正則である．したがって (7.5) は有理型関数 $f'(z)/f(z)$ は $z = a$ で 1 位の極を持ち，その留数が n であることを示している．

次に $z = b \in D$ が f の m 位の極である場合を考える．このとき，f は $z = b$ のある近傍で

$$f(z) = (z - b)^{-m} k(z)$$

と書ける．ただし h は $z = b$ の近傍で正則で，$h(b) \neq 0$ となる関数である．ここでも，局所的に

$$\log f(z) = -m \log(z - b) + \log h(z)$$

と書けることに注意して，この両辺を微分すれば，

$$\frac{f'(z)}{f(z)} = \frac{-m}{z - b} + \frac{h'(z)}{h(z)}. \tag{7.6}$$

(7.5) と同様の議論を用いれば，(7.6) は $f'(z)/f(z)$ が，$z = b$ で 1 位の極を持ち，その留数が $-m$ であることがわかる．

一般に，$\alpha \in \mathbb{C}$ に対して $f(z) = \alpha$ となる z を f の α 点とよぶ．これは $f - \alpha$ の零点に他ならないが，このときその零点の位数を α 点の位数という．定理 7.1 と上記の考察を用いれば，直ちに次を得る．

定理 7.2（偏角の原理）f を $\mathbb{C}$ 内の領域 D で有理型と仮定する．また，$\Omega \subset D$ を定理 7.1 と同じ領域とする．さらに，f は $\partial\Omega$ 上に極を持たず，またある $\alpha \in \mathbb{C}$ に対し，f の α 点も $\partial\Omega$ 上にないと仮定する．このとき，

$$\frac{1}{2\pi i} \int_{\partial\Omega} \frac{f'(z)}{f(z) - \alpha} dz \tag{7.7}$$

は Ω における f の α 点の個数から f の極の個数を引いたものに等しい．ただし両者とも重複度を込めて数える．

「偏角」の原理の意味．定理 7.2 を偏角の原理というが，定理の主張を見ても，なぜこれがそのように命名されているのか分かりにくい．これを説明しよう．

定理 7.2 の考察でも用いたが，(7.7) の右辺の被積分関数は局所的に

$$\frac{d}{dz} \log(f(z) - \alpha)$$

と書ける．したがって，(7.7) の積分自体は

$$\frac{1}{2\pi i} \int_{\partial\Omega} \left(\frac{d}{dz} \log(f(z) - \alpha) \right) dz = \frac{1}{2\pi i} \int_{\partial\Omega} d\log(f(z) - \alpha)$$

と書き直すことができる．ここで右辺は，いわゆるスティルチェス（Stieltjes）積分として解釈する．これは $\partial\Omega$ の各連結成分である曲線 C ごとに以下のように定義される．

曲線 C をパラメータ表示で $z(t)$ $(0 \leqslant t \leqslant 1)$ と表す．$[0,1]$ に分点 $0 = t_0 < t_1 < \cdots < t_n = 1$ をとり，これに関する $\log(f(z) - \alpha)$ の和

$$\frac{1}{2\pi i} \sum_{j=1}^{n} \{ \log\left(f\left(z\left(t_j\right)\right) - \alpha\right) - \log\left(f\left(z\left(t_{j-1}\right)\right) - \alpha\right) \} \tag{7.8}$$

を考える．関数 $\log(f(z) - \alpha)$ は虚部に $\arg(f(z) - \alpha)$ が現れるため，一般に一価ではないが，仮定より，C 上 $f(z) - \alpha \neq 0$ であるから，C の各点では局所的に一価にとれる．(7.8) の和においても，分点 $\{t_j\}_{j=0}^{n}$ を十分細かくとって，各項を表す関数が一価かつ連続となるようにすることができる．ここで分点を増やして，分点の幅，$\max\{t_j - t_{j-1} | 1 \leqslant j \leqslant n\}$ が 0 に収束するように細分する．このとき (7.8) の極限として積分

$$\frac{1}{2\pi i} \int_{C} d\log(f(z) - \alpha)$$

を定義する．この定義が分点の取り方に依らないことは，リーマン積分と同様に示される．また，この積分が

$$\frac{1}{2\pi i} \int_{C} \frac{d}{dz} \log(f(z) - \alpha) dz$$

と等しくなることは，平均値の定理を用いれば容易に確かめることができる．

(7.7) をこのように変形し，$\log(f(z) - \alpha) = \log|f(z) - \alpha| + i\arg(f(z) - \alpha)$

を使うと，$\partial\Omega$ の成分 C ごとに，

$$\frac{1}{2\pi i}\int_C d\log(f(z)-\alpha) = \frac{1}{2\pi i}\int_C d\log|f(z)-\alpha| + \frac{1}{2\pi i}\int_C i\,d\arg(f(z)-\alpha)$$

と変形される．右辺の二つの積分

$$\frac{1}{2\pi i}\int_C d\log|f(z)-\alpha|, \quad \frac{1}{2\pi}\int_d d\arg(f(z)-\alpha)$$

も上と同様に定義される．

ここで，C 上 $\log|f(z)-\alpha|$ は一価連続関数であることに注意すれば，

$$\frac{1}{2\pi i}\int_C d\log|f(z)-\alpha| = 0$$

となることがわかる．実際，この積分は (7.8) と同様，

$$\frac{1}{2\pi i}\sum_{j=1}^{n}(\log|f(z(t_j))-\alpha| - \log|f(z(t_{j-1}))-\alpha|)$$

の分点 $\{t_j\}_{j=0}^{n}$ を増やした極限として定義されるが，$\log|f(z(t_0))-\alpha| = \log|f(z(t_n))-\alpha|$ であるから，上の和はつねに 0 である．したがって，その極限も当然 0 になる．

このことから，(7.7) の右辺の積分は，

$$\frac{1}{2\pi}\int_{\partial\Omega} d\arg(f(z)-\alpha)$$

という偏角の積分に等しいことになる．これは z が $\partial\Omega$ 上を動いたときの $f(z)-\alpha$ の偏角の変化量を表している．実際には，f による $\partial\Omega$ の像 $f(\partial\Omega)$ の点 α の周りの回転数を表している．つまり，定理 7.2 は，$f(z)-\alpha$ の $\partial\Omega$ に沿っての偏角の変化量，すなわち $f(\partial\Omega)$ の点 α の周りの回転数が Ω での f の α 点の個数と極の個数の差を表している，ということである．これが偏角の原理の意味である．

7.3 ルーシェの定理

偏角の原理の応用として，次のルーシェの定理を挙げる．

> **定理 7.3**（ルーシェ（**Rouché**）の定理）　領域 D と $\Omega, \partial\Omega$ は定理 7.2 と同様のものとする．二つの関数 f, g はともに D で正則で，任意の $z \in \partial\Omega$ に対して，$|f(z)| > |g(z)|$ であると仮定する．このとき，f と $f+g$ の Ω における零点の個数は等しい．

［証明］　$0 \leqslant t \leqslant 1$ に対して，

$$N(t) = \frac{1}{2\pi i}\int_{\partial\Omega}\frac{f'(z)+tg'(z)}{f(z)+tg(z)}dz \tag{7.9}$$

とおく．仮定より，$|f(z)| > |g(z)|$ $(z \in \partial\Omega)$ であったから，

$$|f(z) + tg(z)| \geqslant |f(z)| - t|g(z)| \geqslant |f(z)| - |g(z)| > 0$$

である．よって $\partial\Omega$ 上，$f + tg \neq 0$．したがって，偏角の原理より，$N(t)$ は領域 Ω における $f + tg$ の零点の個数を表している（$f + tg$ は正則であるから極は持たない）．特に $N(t)$ は整数である．ここで次を示そう．

例題 7.2 $N(t)$ は t について連続であることを示せ．

[解答]　$0 \leqslant t_0 \leqslant 1$ なる t_0 を固定して，$t \to t_0$ なる点列を $[0,1]$ にとる．このとき，$N(t) \to N(t_0)$ $(t \to t_0)$ を示せばよい．$|N(t) - N(t_0)|$ を計算すると，次のようになる．

$$\begin{aligned}
|N(t) - N(t_0)| &= \frac{1}{2\pi} \left| \int_{\partial\Omega} \left(\frac{f'(z) + tg'(z)}{f(z) + tg(z)} - \frac{f'(z) + t_0 g'(z)}{f(z) + t_0 g(z)} \right) dz \right| \\
&\leqslant \frac{1}{2\pi} \int_C \left| \frac{f'(z) + tg'(z)}{f(z) + tg(z)} - \frac{f'(z) + t_0 g'(z)}{f(z) + t_0 g(z)} \right| |dz| \\
&= \frac{1}{2\pi} \int_{\partial\Omega} \left| \frac{(t - t_0)g'(z)}{(f(z) + tg(z))(f(z) + t_0 g(z))} \right| |dz| \\
&= \frac{|t - t_0|}{2\pi} \int_{\partial\Omega} \frac{|g'(z)|}{|f(z) + tg(z)||f(z) + t_0 g(z)|} |dz|. \quad (7.10)
\end{aligned}$$

(7.10) において，$t \to t_0$ のとき右辺の被積分関数は $\partial\Omega$ 上一様収束する．

$$|f(z) + tg(z)| \geqslant |f(z)| - |g(z)| > 0$$

であるから有界である．したがって，$t \to t_0$ のとき (7.10) は 0 に収束する．これは，$N(t) \to N(t_0)$ を意味し，よって $N(t)$ は t について連続である．（終）

このことから，$N(t)$ は整数値をとる連続関数であるから定数関数である．特に $N(0) = N(1)$ であり，これは定理の主張を意味している．　　□

例題 7.3 $f(z) = 2 - 2z + z^2 + \frac{z^3}{100}$ に対して，次の積分を計算せよ．

$$\frac{1}{2\pi i} \int_{|z|=3} \frac{f'(z)}{f(z) - 1} dz.$$

[解答]　$|z| = 3$ のとき，

$$|f(z) - 1| = \left| 1 - 2z + z^2 + \frac{z^3}{100} \right| \geqslant |z|^2 - 1 - 2|z| - \frac{|z|^3}{100} = 9 - 7 - \frac{27}{100}$$

$$> 0. \tag{7.11}$$

よって $|z| = 3$ 上では $f(z) - 1$ は需点を持たない．したがって偏角の原理より，与えられた積分の値は $|z| < 3$ における $f(z) - 1$ の零点の個数に等しい．

また，$g(z) = z^2$，$h(z) = \frac{z^3}{100} - 2z + 1$ とおくと，

$$f(z) - 1 = g(z) + h(z)$$

である．一方，(7.11) の計算よりは $|z| = 3$ 上で，

$$|g(z)| > |h(z)|$$

であることがわかる．したがって，ルーシェの定理より，$f(z) - 1$ の零点の個数と $g(z)$ の零点の個数は $|z| < 3$ において等しい．$g(z) = z^2$ の零点の個数は 2 であるから，求める積分は 2 である．（終）

ルーシェの定理を用いると正則関数の幾何学的な性質を示すことができる．

定理 7.4 f を $\mathbb{C}$ 内の領域 D で定義された非定数正則関数とする．ある点 $z_0 \in D$ で f は n 位の α 点をもつとする．すなわち，z_0 の近傍で

$$f(z) = \alpha + a_n (z - z_0)^n + a_{n+1} (z - z_0)^{n+1} + \cdots$$

と展開され，$a_n \neq 0$ とする．このとき，z_0 のある近傍 U と α の近傍 V が存在して，$f(U) = V$ かつ f は $U \setminus \{z_0\}$ から $V \setminus \{\alpha\}$ への n 対 1 写像となっている．

[証明]　$z_0 = \alpha = 0$ と仮定してよい．このとき，$z = 0$ の近傍で，

$$f(z) = a_n z^n + a_{n+1} z^{n+1} + \cdots = a_n z^n \left\{ 1 + \frac{a_{n+1}}{a_n} z + \cdots \right\}$$

と表される．ここで $g(z) = 1 + \frac{a_{n+1}}{a_n} z + \cdots$ とおけば，$g(0) = 1$ である．したがって $r > 0$ を十分小にとれば，$|z| \leqslant r$ のとき，$g(z) \neq 0$．よって $f(z)$ は $|z| \leqslant r$ で重複度を数えて丁度 n 個の零点を持っている．ここで，

$$\rho = \max_{|z|=r} |f(z)| > 0$$

とおく．

すると，$|\beta| < \frac{1}{2}\rho$ なる任意の $\beta \in \mathbb{C}$ に対し，$|z| = r$ 上で $|f(z)| > |\beta|$ となる．

$$f(z) - \beta = f(z) + (-\beta)$$

と考えれば，ルーシェの定理により，$|z| < r$ において $f(z) - \beta$ となる z の個数は重複度も数えて丁度 n 個であることがわかる．また，必要ならばさらに $r > 0$ を小さくとって，$0 < |z| < r$ のとき，$f'(z) \neq 0$ となるようにできる．これは $0 < \beta < \frac{1}{2}\rho$ のとき，$f(z) - \beta$ の零点の位数が 1 であることを示している．

以上により，$U = \{|z| < r\}, V = \{|w| < \frac{1}{2}\rho\}$ とおけば，定理の主張が正しい．　　　　□

この定理より直ちに次を得る．

系 7.1 非定数正則関数は開写像である．すなわち，開集合の像は開集合となる．特に領域の像は再び領域になる．

第 8 章
一次分数変換と双曲幾何

本章では，一次分数変換またはメビウス変換とよばれる写像について考察する．これは非常に特殊で，かつ簡明な形の写像だが，現代数学において果たす役割は小さくない．それは本章以降で次第に明らかにされる．

8.1 一次分数変換

非定数有理関数 γ で，分子分母が一次式であるものを**一次分数変換**（linear fractional transformation）または**メビウス変換**（Möbius transformation）という．すなわち，ある定数 $a, b, c, d \in \mathbb{C}$ を用いて γ は

$$\gamma(z) = \frac{az + b}{cz + d} \tag{8.1}$$

と書けるものである．ただし，γ は非定数であるので，$ad - bc \neq 0$ という条件が必要である．さらに $k = ad - bc$ とおいて，

$$\gamma(z) = \frac{\frac{a}{\sqrt{k}}z + \frac{b}{\sqrt{k}}}{\frac{c}{\sqrt{k}}z + \frac{d}{\sqrt{k}}}$$

と書き換えて，

$$a' = \frac{a}{\sqrt{k}}, \quad b' = \frac{b}{\sqrt{k}}, \quad c' = \frac{c}{\sqrt{k}}, \quad d' = \frac{d}{\sqrt{k}}$$

とおけば

$$\gamma(z) = \frac{a'z + b'}{c'z + d'} \quad \text{かつ} \quad a'd' - b'c' = 1$$

となる．よって，一次分数変換の定義式 (8.1) において，つねに $ad - bc = 1$ と仮定してよいことがわかる．

(8.1) において，分子分母に 0 でない定数を乗じても同じ写像をあらわす．$ad - bc = 1$ の条件の下では，そのような定数は ± 1 に限ることは容易にわかる．

ここで話を少し代数的に扱ってみる．$\mathrm{M\ddot{o}b}(\mathbb{C})$ を一次分数変換全体の集合とする．また $SL(2,\mathbb{C})$ で，複素係数の 2×2 行列で，行列式が 1 となるようなもの全体とする．このとき，$\left(\begin{smallmatrix} a & b \\ c & d \end{smallmatrix}\right) \in SL(2,\mathbb{C})$ に対し，

$$\gamma(z) = \frac{az+b}{cz+d}$$

によって，$\mathrm{M\ddot{o}b}(\mathbb{C})$ の元を定めることができる．この写像を ι とする．すなわち，$\iota : SL(2,\mathbb{C}) \to \mathrm{M\ddot{o}b}(\mathbb{C})$ で，

$$\iota\left(\begin{pmatrix} a & b \\ c & d \end{pmatrix}\right) = \frac{az+b}{cz+d}$$

と定義される．ι は明らかに全射である．

例題 8.1 $A, B \in SL(2,\mathbb{C})$ に対し，$\iota(AB) = \iota(A) \circ \iota(B)$ を示せ．

[解答] 単純計算である．$A = \left(\begin{smallmatrix} a & b \\ c & d \end{smallmatrix}\right), B = \left(\begin{smallmatrix} a' & b' \\ c' & d' \end{smallmatrix}\right)$ とすると，

$$AB = \begin{pmatrix} a & b \\ c & d \end{pmatrix}\begin{pmatrix} a' & b' \\ c' & d' \end{pmatrix} = \begin{pmatrix} aa'+bc' & ab'+bd' \\ ca'+dc' & cb'+dd' \end{pmatrix}.$$

一方，

$$\iota(A) \circ \iota(B) = \frac{a\left(\frac{a'z+b'}{c'z+d'}\right) + b}{c\left(\frac{a'z+b'}{c'z+d'}\right) + d}$$

$$= \frac{a(a'z+b') + b(c'z+d')}{c(a'z+b') + d(c'z+d')} = \frac{(aa'+bc')z + ab'+bd'}{(ca'+dc')z + cb'+dd'}$$

となる．両者の係数を比較すれば求める式が得られる．（終）

例題 8.1 の計算から，$\mathrm{M\ddot{o}b}(\mathbb{C})$ が写像の合成について閉じていることがわかり，合成について群になっていることも容易にわかる．また $SL(2,\mathbb{C})$ は行列の積に関する群であるから，例題 8.1 は $\iota : SL(2,\mathbb{C}) \to \mathrm{M\ddot{o}b}(\mathbb{C})$ が，この 2 つの群の準同型写像であることを示している．また，$\mathrm{M\ddot{o}b}(\mathbb{C})$ の単位元は恒等写像であり，ι で恒等写像に写る行列は $\pm I = \left(\begin{smallmatrix} \pm 1 & 0 \\ 0 & \pm 1 \end{smallmatrix}\right)$ であることも容易にわかる．したがって準同型定理より，$\mathrm{M\ddot{o}b}(\mathbb{C})$ は $SL(2,\mathbb{C})/\pm I$ と同型であることがしたがう．ここで $SL(2,\mathbb{C})/\pm I$ とは，行列 $A \in SL(2,\mathbb{C})$ と $-A \in SL(2,\mathbb{C})$ を同じものとみなす空間で，これを $PSL(2,\mathbb{C})$ と書く．以上のことから，$\mathrm{M\ddot{o}b}(\mathbb{C})$，それは写像の空間であるが，これが行列の空間である $PSL(2,\mathbb{C})$ と同一視できることがわかった．以後，本書でもこの両者は区別しないこととする．

8.2 一次分数変換の分類

一次分数変換 $\gamma(z) = (az+b)/(cz+d)$ は恒等写像でないとする．このよう

な変換を固定点と，そこでの挙動を用いて分類する．まず固定点を調べよう．

γ の固定点は $\gamma(z) = z$ をみたす $z \in \widehat{\mathbb{C}}$ として定義する．式で書けば

$$\frac{az+b}{cz+d} = z \quad (ad - bc = 1) \tag{8.2}$$

ということになる．ここで $z = \infty$ が固定点になるのは $c = 0$ のとき，かつそのときに限る．それ以外では (8.2) より

$$cz^2 + (d-a)z - b = 0 \tag{8.3}$$

となる．よって，γ の $\widehat{\mathbb{C}}$ における固定点は 1 つか 2 つであることがわかる．簡単な場合から考察をはじめよう．

(i) γ の固定点が 0 と ∞ のとき；∞ が固定点であるので，$c = 0$．また，(8.2) が $z = 0$ で成り立つので，$b = 0$ となることがわかる．したがって，

$$\gamma(z) = kz \tag{8.4}$$

の形となる．ただし $k = a/d$ で，$k \neq 0, 1$ である．

(ii) γ の固定点が ∞ のみのとき；(i) と同じ理由で $c = 0$ である．したがって，

$$\gamma(z) = \frac{a}{d}z + \frac{b}{d} \tag{8.5}$$

となる．ここで z の係数が $\neq 1$ ならば，$z = b/(d-a)$ が (8.5) の固定点となり仮定に反する．よって $a = d$ でなければならない．したがって，

$$\gamma(z) = z + e \tag{8.6}$$

の形となる．ただし $e = b/d$ で，$e \neq 0$ である．

ここで言葉を 2 つ定義しておく．

> **定義 8.1** 2 つの一次分数変換 γ_1, γ_2 が互いに**共役** (conjugate) であるとは，ある一次分数変換 γ が存在して，
>
> $$\gamma_2 = \gamma \circ \gamma_1 \circ \gamma^{-1} \tag{8.7}$$
>
> と書けるときをいう．

> **定義 8.2** 一次分数変換
>
> $$\gamma(z) = \frac{az+b}{cz+d} \quad (ad - bc = 1)$$
>
> において，$a + d$ を γ の**トレース** (trace) といい，$\mathrm{tr}\,\gamma$ と記す．

注意 8.1 トレースの定義において，$ad - bc = 1$ という条件があることは注意を要する．また，γ のトレースは $\pm$ の符号の自由度がある．したがって，その 2 乗，$\mathrm{tr}^2\,\gamma$ は一意に定まる．

例題 **8.2** (8.4), (8.6) の形の γ のトレースを求めよ.

[解答] いずれも, γ を与える行列を求めればよい. (8.4) は

$$\pm \begin{pmatrix} \sqrt{k} & 0 \\ 0 & \frac{1}{\sqrt{k}} \end{pmatrix},$$

(8.6) は

$$\pm \begin{pmatrix} 1 & e \\ 0 & 1 \end{pmatrix}$$

であることは簡単にわかる. したがって (8.4) のトレースは $\pm(\sqrt{k} + 1/\sqrt{k})$, (8.6) は ± 2 である. (終)

例題 **8.3** 一次分数変換 γ_1, γ_2 が互いに共役ならば, $\operatorname{tr}\gamma_1 = \pm \operatorname{tr}\gamma_2$ であることを示せ.

[解答] 定義より, ある一次分数変換 γ が存在して,

$$\gamma_2 = \gamma \circ \gamma_1 \circ \gamma^{-1}$$

と書ける. $A_1, A_2, A \in SL(2, \mathbb{C})$ を $\iota(A_1) = \gamma_1$, $\iota(A_2) = \gamma_2$, $\iota(A) = \gamma$ となるものとする. 例題 8.1 から,

$$\iota(A_2) = \iota\left(AA_1A^{-1}\right) \tag{8.8}$$

となることがわかる. また, トレースの定義より,

$$\operatorname{tr}\gamma_1 = \pm \operatorname{tr}A_1, \quad \operatorname{tr}\gamma_2 = \pm \operatorname{tr}A_2, \quad \operatorname{tr}\gamma = \pm \operatorname{tr}A$$

である. ここで $A_1, A_2, A \in SL(2, \mathbb{C})$ に対し $\operatorname{tr}A_1, \operatorname{tr}A_2, \operatorname{tr}A$ は通常の行列のトレースを表す. 簡単な計算により,

$$\operatorname{tr}(AA_1A^{-1}) = \operatorname{tr}A_1$$

となることがわかる. したがって (8.8) より

$$\operatorname{tr}\gamma_2 = \pm \operatorname{tr}A_2 = \pm \operatorname{tr}(AA_1A^{-1}) = \operatorname{tr}A_1 = \pm \operatorname{tr}\gamma_1$$

となる. (終)

補題 **8.1** $\gamma \in \operatorname{Möb}(\mathbb{C})$ で, γ は恒等写像ではないとする. このとき γ は (8.4) または $e = 1$ の (8.6) の形の変換と共役である.

[証明] γ の $\widehat{\mathbb{C}}$ における固定点の個数は 1 または 2 であった.

(i) γ の固定点が 1 つの場合：α を γ の固定点とする．$\alpha = \infty$ ならば (8.6) の形である．$\alpha \neq \infty$ とする．

$$g(z) = \frac{1}{z - \alpha}$$

とおく．$g \in \mathrm{M\ddot{o}b}(\mathbb{C})$ である．ここで，

$$\tilde{\gamma} = g \circ \gamma \circ g^{-1}$$

とおけば，$g(\alpha) = \infty$, $g^{-1}(\infty) = \alpha$ より，

$$\tilde{\gamma}(\infty) = g(\gamma(\alpha)) = g(\alpha) = \infty$$

となり，∞ は $\tilde{\gamma}$ の固定点である．また，$\tilde{\gamma}$ は ∞ 以外には固定点を持たない．実際，もし $\beta \in \mathbb{C}$ が $\tilde{\gamma}$ の固定点であったとすると，

$$\gamma = g^{-1} \circ \tilde{\gamma} \circ g$$

より，$g^{-1}(\beta)$ が γ の固定点になることがわかる．また，$g^{-1}(\beta) \neq \alpha$ であるから，γ が α 以外に固定点を持つことになり，仮定に反する．

以上により，$\tilde{\gamma}$ は ∞ のみを固定点に持つ一次分数変換となる．よって $\tilde{\gamma}(z) = z + e$ の形となる．ここで $h(z) = e^{-1}z$ とすれば，簡単に $h \circ \tilde{\gamma} \circ h^{-1}(z) = z + 1$ となることがわかる．したがって γ は $z + 1$ と共役である．

(ii) γ が 2 つの固定点 α, β を持つ場合：$\alpha, \beta \in \mathbb{C}$ とする．このとき，$g \in \mathrm{M\ddot{o}b}(\mathbb{C})$ を

$$g(z) = \frac{z - \beta}{z - \alpha}$$

とおき，

$$\tilde{\gamma} = g \circ \gamma \circ g^{-1}$$

とする．$g(\alpha) = \infty$, $g(\beta) = 0$ であるから，(i) と同様の考察により，$\tilde{\gamma}$ は 0 と ∞ を固定点に持つことがわかる．したがって $\tilde{\gamma}$ は (8.4) の形であり，γ はこれと共役になる． □

この補題に基づき，$\mathrm{M\ddot{o}b}(\mathbb{C})$ の元の分類を与える．

> **定義 8.3** 恒等写像でない $\gamma \in \mathrm{M\ddot{o}b}(\mathbb{C})$ とする．
> (i) γ が kz と共役で，$|k| = 1$ のとき，γ を **楕円型** (elliptic) という．
> (ii) γ が kz と共役で，$|k| \neq 1$ のとき，γ を **斜行型** (loxodromic) という．さらに $k > 0$ のとき，γ を **双曲型** (hyperbolic) という．
> (iii) γ が $z + 1$ と共役であるとき，γ を **放物型** (parabolic) という．

例題 8.4　恒等写像でない $\gamma \in \mathrm{M\ddot{o}b}(\mathbb{C})$ について以下を示せ.

　(i)　γ が楕円型　$\Longleftrightarrow$　$0 \leqslant \mathrm{tr}^2\gamma < 4$.

　(ii)　γ が斜行型　$\Longleftrightarrow$　$\mathrm{tr}^2\gamma \in \mathbb{C}$ で区間 $[0,4]$ に含まれない.

　(iii)　γ が双曲型　$\Longleftrightarrow$　$4 < \mathrm{tr}^2\gamma$.

　(iv)　γ が放物型　$\Longleftrightarrow$　$\mathrm{tr}^2\gamma = 4$.

[解答]　γ が楕円型ならば, 定義より γ は $e^{i\theta}z$ と共役である $(0 \leqslant \theta < 2\pi)$.
この変換に対応する行列は

$$\pm \begin{pmatrix} e^{\frac{i}{2}\theta} & 0 \\ 0 & e^{-\frac{i}{2}\theta} \end{pmatrix}$$

である. トレースは共役によって不変であったから,

$$\mathrm{tr}^2\gamma = \left(e^{\frac{i}{2}\theta} + e^{-\frac{i}{2}\theta} \right)^2 = 4\cos^2\frac{\theta}{2}.$$

よって, $0 \leqslant \mathrm{tr}^2\gamma \leqslant 4$ である. ここで, $0 \leqslant \frac{\theta}{2} < \pi$ より,

$$\mathrm{tr}^2\gamma = 4 \Longleftrightarrow \cos\frac{\theta}{2} = \pm 1 \Longleftrightarrow \frac{\theta}{2} = 0 \Longleftrightarrow \theta = 0$$

を得る. $\theta = 0$ のとき, γ は恒等写像となるから不適. よって, γ が楕円型ならば, $0 \leqslant \mathrm{tr}^2\gamma < 4$ が示された.

　γ を放物型と仮定する. このとき γ は $z+1$ と共役である. この変換に対応する行列は,

$$\pm \begin{pmatrix} 1 & 1 \\ 0 & 1 \end{pmatrix}$$

である. したがって, $\mathrm{tr}^2\gamma = 4$ となる.

　γ が斜行型のとき, γ は kz, ただし $k \neq 0,1$, $|k| \neq 1$ と共役である. $k = r^2 e^{i\theta}$ とおくと $r \neq 1$, $r > 0$ である. このとき, この変換は

$$\pm \begin{pmatrix} re^{\frac{i}{2}\theta} & 0 \\ 0 & \frac{1}{r}e^{-\frac{i}{2}\theta} \end{pmatrix}$$

と共役である. したがって,

$$\begin{aligned}
\mathrm{tr}^2\gamma &= \left(re^{\frac{i}{2}\theta} + \frac{1}{r}e^{-\frac{i}{2}\theta} \right)^2 \\
&= r^2 e^{i\theta} + 2 + r^{-2} e^{-i\theta} \\
&= (r^2 + r^{-2})\cos\theta + (r^2 - r^{-2})i\sin\theta + 2. \tag{8.9}
\end{aligned}$$

　$r > 1$ として固定して, $X = (r^2 + r^{-2})\cos\theta$, $Y = (r^2 - r^{-2})\sin\theta$ とおくと, $\cos^2\theta + \sin^2\theta = 1$ より

$$\frac{X^2}{\sqrt{r^2 + r^{-2}}} + \frac{Y^2}{\sqrt{r^2 - r^{-2}}} = 1 \tag{8.10}$$

を得る．これは楕円を表す式である．一方，$r > 1$ であるから，$r^2 + r^{-2} > 2$.
したがって，(8.10) が表す楕円は $[-2, 2]$ を通らない．よって，(8.9) の点は $[0, 4]$
を通らない．$0 < r < 1$ のときも同様である．したがって，γ が斜行型のとき，
$\mathrm{tr}^2\, \gamma \notin [0, 4]$ である．

また，$\mathbb{C}$ 内で，3 つの集合，$[0, 4), \{4\}, [0, 4]$ の補集合は互いに交わらず，その和集合は $\mathbb{C}$ と一致するから，(i), (ii), (iii) の主張（同値性）が証明されたことになる．(iv) の主張も上と同様に考えればやさしい．これは省略する．読者が自ら証明されたい．（終）

8.3　非調和比と一次分数変換

まず次を示そう．

> **例題 8.5**　一次分数変換 γ が $0, 1, \infty$ を固定するとき，すなわち，$\gamma(0) = 0$，$\gamma(1) = 1$，$\gamma(\infty) = \infty$ となるとき，$\gamma(z) \equiv z$ を示せ．

[解答]　γ は一次分数変換であるから，

$$\gamma(z) = \frac{az + b}{cz + d} \quad (a, b, c, d \in \mathbb{C},\ ad - bc = 1)$$

とおける．$\gamma(0) = 0$ であるから，$b = 0$．また，$\gamma(\infty) = \infty$ より $c = 0$ を得る．
最後に $\gamma(1) = 1$ から $\gamma(z) \equiv z$ であることがわかる．（終）

次の問も容易だろう．

> **例題 8.6**　z_1, z_2, z_3 を $\widehat{\mathbb{C}}$ の相異なる 3 点とする．このとき，ある $\gamma \in \mathrm{M\ddot{o}b}(\mathbb{C})$ で，
>
> $$\gamma(z_1) = 0, \quad \gamma(z_2) = 1, \quad \gamma(z_3) = \infty$$
>
> となるものが存在することを示せ．

[解答]　$z_1, z_2, z_3 \in \mathbb{C}$ と仮定すると，γ を

$$\gamma(z) = \frac{z - z_1}{z - z_3} \cdot \frac{z_2 - z_3}{z_2 - z_1} \tag{8.11}$$

で与えれば，$\gamma \in \mathrm{M\ddot{o}b}(\mathbb{C})$ で条件をみたすことがわかる．z_1, z_2, z_3 のいずれかが ∞ の場合もやさしい．（終）

例題 8.5，例題 8.6 より，以下のことがわかる．

系 8.1 z_1, z_2, z_3 および w_1, w_2, w_3 を $\widehat{\mathbb{C}}$ の相異なる 3 点の 2 つの組とする．このとき，$\gamma \in \mathrm{M\ddot{o}b}(\mathbb{C})$ で，$\gamma(z_i) = w_i$ $(i = 1, 2, 3)$ となるものが唯一つ存在する．

[証明]　γ_1 を $\gamma_1(z_1) = 0$, $\gamma_1(z_2) = 1$, $\gamma_1(z_3) = \infty$ となる $\mathrm{M\ddot{o}b}(\mathbb{C})$ の元とする．また，γ_2 を $\gamma_2(w_1) = 0$, $\gamma_2(w_2) = 1$, $\gamma_2(w_3) = \infty$ なる $\mathrm{M\ddot{o}b}(\mathbb{C})$ の元とする．このような元の存在は例題 8.6 より保証されている．そこで，$\gamma = \gamma_2^{-1} \circ \gamma_1$ とおけば，γ が求める性質を持っていることがわかる．γ の一意性は例題 8.5 より直ちにわかる． $\square$

定義 8.4 $\widehat{\mathbb{C}}$ の相異なる 4 点 z_1, z_2, z_3, z_4 に対して，

$$(z_1, z_2, z_3, z_4) = \frac{z_1 - z_2}{z_1 - z_4} \cdot \frac{z_3 - z_4}{z_3 - z_2} \tag{8.12}$$

とおき，これを z_1, z_2, z_3, z_4 に関する**非調和比**（cross ratio）と呼ぶ．ただし，この 4 点のいずれかが ∞ の場合は，その点を $\mathbb{C}$ から ∞ へ近づけたときの極限として非調和比を定義する．例えば，

$$(z_1, z_2, z_3, \infty) = \lim_{z_4 \to \infty} (z_1, z_2, z_3, z_4) = \frac{z_1 - z_2}{z_3 - z_2}$$

である．特に $z \neq 0, 1, \infty$ のとき，

$$(z, 0, 1, \infty) = z \tag{8.13}$$

である．

　非調和比の定義において，z_1 を z に置き換えて，

$$\gamma(z) = (z, z_2, z_3, z_4) = \frac{z - z_2}{z - z_4} \cdot \frac{z_3 - z_4}{z_3 - z_2}$$

とおくと，γ は z_2 を 0，z_3 を 1，z_4 を ∞ に写す $\mathrm{M\ddot{o}b}(\mathbb{C})$ の元である．γ は $\widehat{\mathbb{C}}$ から $\widehat{\mathbb{C}}$ への全単射写像であったから，$z_1 \neq z_2, z_3, z_4$ のとき $\gamma(z_1) \neq 0, 1, \infty$ である．すなわち，相異なる 4 点の非調和比は $0, 1, \infty$ を値としてとらない．さらに，任意の複素数 $\zeta \neq 0, 1, \infty$ に対して，$(z_1, z_2, z_3, z_4) = \zeta$ となる 4 点 z_1, z_2, z_3, z_4 が存在することも分かる．

定理 8.1 $\mathrm{M\ddot{o}b}(\mathbb{C})$ の元は非調和比を変えない．すなわち，相異なる 4 点 z_1, z_2, z_3, z_4 と任意の $\gamma \in \mathrm{M\ddot{o}b}(\mathbb{C})$ に対して

$$(z_1, z_2, z_3, z_4) = (\gamma(z_1), \gamma(z_2), \gamma(z_3), \gamma(z_4)) \tag{8.14}$$

が成り立つ．また，相異なる 4 点の 2 つの組，z_1, z_2, z_3, z_4 および w_1, w_2, w_3, w_4 が与えられたとき，その非調和比が等しいならば，ある $\gamma \in \mathrm{M\ddot{o}b}(\mathbb{C})$ が存在して，$\gamma(z_i) = w_i$ $(i = 1, 2, 3, 4)$ となる．

[証明]　まずは，前半の主張を示す．

$$\gamma(z) = \frac{az+b}{cz+d} \quad (a,b,c,d \in \mathbb{C}, \ ad-bc=1)$$

とすると，$z,w \in \mathbb{C}$ に対して

$$\gamma(z) - \gamma(w) = \frac{z-w}{(cz+d)(cw+d)} \tag{8.15}$$

となることがわかる．非調和比の定義式 (8.12) にしたがい $(\gamma(z_1), \gamma(z_2), \gamma(z_3), \gamma(z_4))$ をあらわし，(8.15) を用いれば，容易に (8.14) が得られる．

次に後半の主張を示す．γ_1 を z_2, z_3, z_4 を $0, 1, \infty$ に写す $\mathrm{M\ddot{o}b}(\mathbb{C})$ の元とする．また γ_2 を w_1, w_2, w_3 を $0, 1, \infty$ に写す $\mathrm{M\ddot{o}b}(\mathbb{C})$ の元とする．前半の議論と仮定より

$$(\gamma_1(z_1), 0, 1, \infty) = (\gamma_2(w_1), 0, 1, \infty) \tag{8.16}$$

である．一方，(8.13) から

$$(z, 0, 1, \infty) = z$$

であったから，(8.16) より $\gamma_1(z_1) = \gamma_2(w_1)$ を得る．よって，$\gamma = \gamma_2 \circ \gamma_1^{-1}$ とおけば，これが求める $\gamma \in \mathrm{M\ddot{o}b}(\mathbb{C})$ となっている．　　　　□

8.4　一次分数変換の幾何学的性質

一次分数変換は $\widehat{\mathbb{C}}$ から $\widehat{\mathbb{C}}$ への写像であるが，その写像としての性質を見る．著しいのは次のものである．

定理 8.2　一次分数変換による円または直線の像は円または直線となる．

注意 8.2　以下の証明を見ればわかるが，一次変換で円が直線に写り，また直線が円に写ることもある．

この証明の前に一つ補題を示しておこう．

補題 8.2　ある $\alpha \in \mathbb{C}$ と実数 A, B に対し，方程式

$$A|z|^2 + \alpha z + \bar{\alpha}\bar{z} + B = 0 \tag{8.17}$$

で表される複素数 z 全体は円または直線である．

[証明]　$A = 0$ のとき，(8.17) 式は

$$\alpha z + \bar{\alpha}\bar{z} + B = 0$$

となるが，これは

$$2\operatorname{Re}\alpha z = -B \tag{8.18}$$

と同値であり，$\alpha = a + bi,\ z = x + yi$ とすれば，(8.18) は

$$ax - by = -\frac{1}{2}B$$

となり，直線を表す方程式である．

　$A \neq 0$ のとき，$A > 0$ と仮定してよい．さらに (8.17) の両辺を A で割って，$A = 1$ と思ってよい．すると (8.17) は

$$|z|^2 + \alpha z + \bar{a}\bar{z} + B = 0 \tag{8.19}$$

となる．(8.19) は

$$(z + \bar{\alpha})(z + \alpha) + B - |\alpha|^2 = 0$$

となるから，

$$|z + \bar{\alpha}|^2 = |\alpha|^2 - B \tag{8.20}$$

となる．(8.20) は中心を $-\bar{\alpha}$，半径 $\sqrt{|\alpha|^2 - B}$ とする円を表している．　　□

注意 8.3　(8.20) の右辺は $|\alpha|^2 - B$ が負ならば，(8.20) を満たす z は存在しない．逆に元の方程式 (8.17) を満たす z が一つでも存在すれば (8.20) の右辺は正となり，円を表す方程式となっている．

[定理 8.2 の証明]　一次分数変換 $\gamma\ (\in \operatorname{M\ddot{o}b}(\mathbb{C}))$ を

$$\gamma(z) = \frac{az + b}{cz + d} \quad (ad - bc = 1)$$

とおく．

(i) $c = 0$ のとき：このとき，

$$\gamma(z) = \frac{a}{d}z + \frac{b}{d}$$

である．γ は拡大・縮小と平行移動の合成となり，円または直線は再び円または直線に写る．

(ii) $c \neq 0$ のとき：

$$az + b = \frac{a}{c}(cz + d) + b - \frac{ad}{c} = \frac{a}{c}(cz + d) - \frac{1}{c}$$

であるから，

$$\gamma(z) = \frac{az + b}{cz + d} = \frac{a}{c} - \frac{1}{c}\cdot\frac{1}{cz + d}$$

となる．ここで $\alpha, \beta \in \mathbb{C}\ (\alpha \neq 0)$ に対して，

$$\gamma_{\alpha,\beta}(z) = \alpha z + \beta$$

とおき,

$$\gamma_0(z) = \frac{1}{z}$$

とおくと,

$$\gamma(z) = \gamma_{-\frac{1}{c},\frac{a}{c}}\left(\frac{1}{cz+d}\right) = \gamma_{-\frac{1}{c},\frac{a}{c}}(\gamma_0(cz+d))$$

$$= -\gamma_{-\frac{1}{c},\frac{a}{c}} \circ \gamma_0 \circ \gamma_{c,d}(z)$$

となり, γ_0 と $\gamma_{\alpha,\beta}$ の形の変換の合成となる. よって, γ_0 と $\gamma_{\alpha,\beta}$ によって円または直線が円または直線に写されればよい. (i) で見たように, $\gamma_{\alpha,\beta}$ についてはこれは正しいから, γ_0 のみについて確かめればよい. まず直線の場合を考える.

L を $\mathbb{C}$ 内の直線とする. $z = x + iy \in L$ とすれば, ある $A, B, C \in \mathbb{R}$ が存在して, L の方程式は,

$$Ax + By + C = 0$$

と書ける. $x = \frac{1}{2}(z+\bar{z})$, $y = \frac{1}{2i}(z-\bar{z})$ より,

$$A(z+\bar{z}) - iB(z-\bar{z}) + 2C = 0$$

となり,

$$(A - iB)z + (A + iB)\bar{z} + 2C = 0$$

を得る. ここで $\alpha = A - iB$, $w = z^{-1}$ とおけば

$$\alpha w^{-1} + \bar{\alpha}\bar{w}^{-1} + 2C = 0$$

となり

$$2C|w|^2 + \alpha\bar{w} + \bar{\alpha}w = 0 \tag{8.21}$$

を得る. 補題8.2から, (8.21) は円または直線を表す方程式であることがわかる.

次に円の場合を考える. 円の中心を α, 半径を r とする. この円の方程式は

$$|z - \alpha|^2 = r^2$$

である. $w = z^{-1}$ を代入すれば

$$r^2 = |w^{-1} - \alpha|^2 = (w^{-1} - \alpha)(\bar{w}^{-1} - \bar{\alpha})$$

であるから, 両辺に $|w|^2 = w\bar{w}$ を乗じれば,

$$r^2|w^2| = (1 - \alpha w)(1 - \bar{\alpha}\bar{w})$$

$$= 1 - \alpha - \bar{\alpha}\bar{w} + |a|^2 |w|^2$$

となり，これを整理して，

$$(|\alpha|^2 - r^2)|w|^2 - \alpha w - \bar{\alpha}\bar{w} + 1 = 0 \qquad (8.22)$$

を得る．よって，(8.22) も円または直線を表す方程式である． $\square$

例題 8.7 C_1, C_2 を 2 つの円または直線とする．このとき，$\gamma(C_1) = C_2$ となる $\gamma \in \mathrm{M\ddot{o}b}(\mathbb{C})$ が存在することを示せ．

[解答] a_i, b_i, c_i を C_i 上の相異なる 3 点とする ($i = 1, 2$)．系 8.1 より，$\gamma(a_1) = a_2$, $\gamma(b_1) = b_2$, $\gamma(c_1) = c_2$ となる $\gamma \in \mathrm{M\ddot{o}b}(\mathbb{C})$ が存在する．定理 8.2 より $\gamma(C_1)$ は a_2, b_2, c_2 を通る円または直線となる．この 3 点を通る円または直線は C_2 以外にはない．よって $\gamma(C_1) = C_2$ である．（終）

定理 8.2 を用いると，平面幾何の次の定理を証明することができる．

定理 8.3 C_1, C_2, C_3 を円または直線で，その 2 つが互いに接しているものとする．このとき，この 3 つの円すべてに接する円または直線がちょうど 2 つ存在する．

[証明] C_1 と C_2 の接点を a とし，

$$\varphi_a(z) = \frac{1}{z - a}$$

とおく．このとき，$\varphi_a \in \mathrm{M\ddot{o}b}(\mathbb{C})$ である．したがって定理 8.2 より，$\widetilde{C}_1 := \varphi_a(C_1)$, $\widetilde{C}_2 := \varphi_a(C_2)$ は円または直線となる．

一方，$\varphi_a(a) = \infty$ であるから，$\widetilde{C}_1, \widetilde{C}_2$ ともに ∞ を通る．よって両者とも直線である．また，$C_1 \cap C_2 = \{a\}$ であったから，$\widetilde{C}_1 \cap \widetilde{C}_2 = \{\infty\}$ である．これより，$\widetilde{C}_1$ と $\widetilde{C}_2$ は互いに平行な直線であることがわかる．

次に，$\widetilde{C}_3 := \varphi_a(C_3)$ を考える．$\widetilde{C}_3$ も円または直線となるが，仮定より $\widetilde{C}_3$ は $\widetilde{C}_1$ と $\widetilde{C}_2$ に接している．したがって $\widetilde{C}_1, \widetilde{C}_2, \widetilde{C}_3$ の位置関係は図 8.1 のようになるはずである．

したがって，$\widetilde{C}_1, \widetilde{C}_2, \widetilde{C}_3$ すべてに接する円がちょうど 2 つ，$\widetilde{C}_4$ と $\widetilde{C}_5$ が得られる（図 8.2）．

ここで $C_4 = \varphi_a^{-1}(\widetilde{C}_4)$, $C_5 = \varphi_a^{-1}(\widetilde{C}_5)$ とおけば，C_4 と C_5 が C_1, C_2, C_3 すべてに接する円または直線になっている．また，図 8.2 において $\widetilde{C}_1, \widetilde{C}_2, \widetilde{C}_3$ すべてに接する円は $\widetilde{C}_4, \widetilde{C}_5$ 以外にないから，C_1, C_2, C_3 に対してもそうである． $\square$

反転と一次分数変換. C を $\mathbb{C}$ 内の円または直線とする．このとき C 上にない

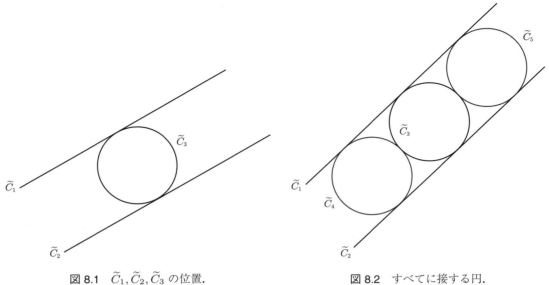

| 図 8.1 $\widetilde{C}_1, \widetilde{C}_2, \widetilde{C}_3$ の位置. | 図 8.2 すべてに接する円. |

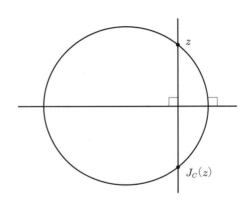

図 8.3 z の反転.

点 z に対して，C に関する z の反転 $J_C(z)$ を，<u>z を通り C に直交するすべての円および直線の z 以外の共通点</u>として定義する．また $z \in C$ の場合は $J_C(z) = z$ と定める．例えば C が直線のとき，$z \notin C$ の C に関する反転 $J_C(z)$ は，z の C について線対称の点となる（図 8.3）．

このように C が直線の場合，z の反転 $J_C(z)$ の存在はやさしいが，C が円の場合は自明ではない．z を通り C に直交するすべての円と直線が z 以外のある 1 点で交わることを示さなければならない．

補題 8.3 $J_C(z)$ は存在する．

[証明] C を円として，$z \notin C$ と仮定する．3 点 a, b, c を C 上にとり，$\varphi \in \mathrm{M\ddot{o}b}(\mathbb{C})$ を

$$\varphi(a) = -1, \quad \varphi(b) = 0, \quad \varphi(c) = 1$$

となるようにとる（このような φ の存在は系 8.1 で示されている）．ここで $\varphi(C)$ を考えると，これは定理 8.2 から円または直線となる．一方，$\varphi(C) \ni \pm 1, 0$ であるから，$\varphi(C) = \widehat{\mathbb{R}} = \mathbb{R} \cup \{\infty\}$ でなければならない．

さて，ここで $\varphi(z)$ の $\varphi(C) = \widehat{\mathbb{R}}$ に関する反転 $J_{\widehat{\mathbb{R}}}(\varphi(z))$ を考える．これはすでに見たように，$\varphi(z)$ の直線 $\varphi(C)$ について線対称の点となる．つまり

$$J_{\widehat{\mathbb{R}}}(\varphi(z)) = \overline{\varphi(z)}$$

に他ならない．いま，$J_C(z)$ を定義するために，z を通り C に直交する円または直線 $\widetilde{C_1}, \widetilde{C_2}$ をとる．このとき，$\varphi(\widetilde{C_1}), \varphi(\widetilde{C_2})$ は定理 8.2 より円または直線となり，さらに $\varphi(\widetilde{C_1}), \varphi(\widetilde{C_2})$ は $\varphi(z)$ を通る．また，φ は正則関数で，任意の $\zeta \in \mathbb{C}$ に対し $\varphi'(\zeta) \neq 0$ であるから，等角で $\varphi(\widetilde{C_1}), \varphi(\widetilde{C_2})$ はともに $\varphi(C) = \widehat{\mathbb{R}}$ に直交している．したがって，$\varphi(\widetilde{C_1}), \varphi(\widetilde{C_2})$ はともに $\overline{\varphi(z)} = J_{\widehat{\mathbb{R}}}(\varphi(z))$ を通る．よって $\varphi^{-1}(J_{\widehat{\mathbb{R}}}(\varphi(z)))$ は $\widetilde{C_1}$ と $\widetilde{C_2}$ に含まれている．$\widetilde{C_1}, \widetilde{C_2}$ は z を通り C に直交する任意の円または直線としてよいから，$\varphi^{-1}(J_{\widehat{\mathbb{R}}}(\varphi(z)))$ が $J_C(z)$ である． $\square$

例えば C を原点を中心とした，半径 R の円とすれば，$z = re^{i\theta}$ のとき，$J_C(z) = (R^2/r)e^{i\theta}$ となる．この計算は読者自ら確かめられたい．

例題 8.8 C を円または直線，$\varphi \in \mathrm{M\ddot{o}b}(\mathbb{C})$ とする．このとき，$\varphi \circ J_C = J_{\varphi(C)} \circ \varphi$ を示せ．

[解答] $z \in C$ ならば，$\varphi(z) \in \varphi(C)$ であるから，

$$\varphi \circ J_C(z) = \varphi(z) = J_{\varphi(C)}(\varphi(z))$$

となり，題意は正しい．

$z \notin C$ のときを示す．$\widetilde{C}$ を z を通り C に直交する円または直線とする．定義より，$J_C(z) \in \widetilde{C}$ である．したがって，

$$\varphi \circ J_C(z) \in \varphi(\widetilde{C}) \tag{8.23}$$

となる．$\varphi(\widetilde{C})$ は $\varphi(C)$ に直交する円または直線で，かつ $\varphi(z)$ を通るものである．$\widetilde{C'}$ を z を通り C に直交する別の円とすると，$J_C(z) \in \widetilde{C'}$ より，

$$\varphi \circ J_C(z) \in \varphi(\widetilde{C'}) \tag{8.24}$$

を得る．(8.23), (8.24) より $\varphi \circ J_C(z) \in \varphi(\widetilde{C}) \cap \varphi(\widetilde{C'})$．よって，$\varphi \circ J_C(z) = J_{\varphi(C)}(\varphi(z))$ である．（終）

$J_C(z)$ はその定義から，$J_C \circ J_C(z)$ は $= z$ である．また，補題 8.3 の証明

より，

$$J_C(z) = \varphi^{-1}\left(\overline{\varphi(z)}\right) \tag{8.25}$$

である．つまり，$J_C(z)$ は $\bar{z}$ の関数となる．ここで C' を別の円または直線として，$J_{C'} \circ J_C(z)$ を考える．これは $\overline{(\bar{z})} = z$ の関数となる．

例題 8.9　$J_{C'} \circ J_C \in \mathrm{M\ddot{o}b}(\mathbb{C})$ を示せ．

[解答]　(8.25) 式において，

$$\varphi(z) = \frac{az + b}{cz + d} \quad (ad - bc = 1)$$

とおくと，

$$\overline{\varphi(z)} = \frac{\bar{a}\bar{z} + \bar{b}}{\bar{c}\bar{z} + \bar{d}}$$

である．したがって，

$$\varphi^{-1}\left(\overline{\varphi(z)}\right) = \varphi^{-1}\left(\frac{\bar{a}\bar{z} + \bar{b}}{\bar{c}\bar{z} + \bar{d}}\right) = \varphi^{-1} \circ \psi(\bar{z})$$

と書ける．ただし $\psi \in \mathrm{M\ddot{o}b}(\mathbb{C})$ で

$$\psi(z) = \frac{\bar{a}z + \bar{b}}{\bar{c}z + \bar{d}}.$$

つまり，$\Phi = \varphi \circ \psi$ とおけば，$\Phi \in \mathrm{M\ddot{o}b}(\mathbb{C})$ であり，

$$J_C(z) = \Phi(\bar{z})$$

となっている．同様の考察を $J_{C'}$ に行えば，ある $\Psi \in \mathrm{M\ddot{o}b}(\mathbb{C})$ がとれて，

$$J_{C'}(z) = \Psi(\bar{z})$$

となる．よって，

$$J_{C'} \circ J_C(z) = \Psi\left(\overline{J_C(z)}\right) = \Psi\left(\overline{\Phi(\bar{z})}\right) \in \mathrm{M\ddot{o}b}(\mathbb{C})$$

となる．上と同じ計算で，$J_{C'} \circ J_C \in \mathrm{M\ddot{o}b}(\mathbb{C})$ は容易に得られる．（終）

　実際に一次分数変換は反転の合成で表すことができる．例えば $\theta \in \mathbb{R}$ に対して，回転

$$\varphi_\theta(z) = e^{i\theta} z$$

は実軸 $\mathbb{R}$ と原点を通る角度 $\frac{1}{2}\theta$ の直線 $L(\frac{1}{2}\theta)$,

$$L\left(\frac{1}{2}\theta\right) = \left\{ z \in \mathbb{C} \,\middle|\, z = 0 \text{ または } \arg z = \frac{\theta}{2} \text{ or } \frac{\theta}{2} + \pi \right\}$$

の2つの直線の反転を用いて，

$$\varphi_\theta = J_{L(\frac{1}{2}\theta)} \circ J_{\mathbb{R}} \tag{8.26}$$

と表すことができる．実際，$x \in \mathbb{R}$ とすると，$J_{\mathbb{R}}(x) = x$ である．また，$x \in \mathbb{R}$ に対して

$$J_{L(\frac{1}{2}\theta)}(x) = e^{i\theta}x$$

は線対称の幾何学的考察から容易に確かめられる．したがって，任意の $x \in \mathbb{R}$ に対して

$$\varphi_\theta(x) = J_{L(\frac{1}{2}\theta)} \circ J_{\mathbb{R}}(x) \tag{8.27}$$

が成り立つ．一方，(8.27) の左辺の φ_θ は正則関数であり，右辺の $J_{L(\frac{1}{2}\theta)} \circ J_{\mathbb{R}}$ もすでに見たように正則関数であった．両者が $\mathbb{R}$ 上で等しいのであるから，一致の定理によって $\mathbb{C}$ 全体で等しい．すなわち，(8.26) が成り立つ．

同様のことは

$$\gamma_c(z) = z + c \quad (c \in \mathbb{R}), \quad \psi_k(z) = kz \quad (k > 0, \neq 1)$$

でも行うことができる．

例題 8.10 γ_c, ψ_k を反転を用いて表せ．

[解答] $c \in \mathbb{R}$ に対し，L_c を $\mathrm{Re}\, z = c$ となる直線とする．特に L_0 は虚軸を表す．このとき $z \in L_0$ ならば

$$J_{L_{\frac{c}{2}}} \circ J_{L_0}(z) = z + c = \gamma_c(z)$$

は容易に確かめられる．よって一致の定理から，

$$\gamma_c = J_{L_{\frac{c}{2}}} \circ J_{L_0} \tag{8.28}$$

である．

ψ_k についても同様で，$r > 0$ に対して，$C(r)$ を原点を中心とする，半径 r の円とする．このとき，$z \in C(1)$ に対して

$$J_{C(\sqrt{k})} \circ J_{C(1)} = kz$$

であることがわかる．したがって，再び一致の定理を用いて

$$\psi_k = J_{C(\sqrt{k})} \circ J_{C(1)} \tag{8.29}$$

となる．（終）

以上の考察から，次の定理が証明される．

定理 8.4 任意の $\varphi \in \mathrm{M\ddot{o}b}(\mathbb{C})$ は偶数個の反転の合成で表すことができる.

[証明] φ は恒等写像でないと仮定してよい. このとき, 定義 8.3 より, φ は $\varphi_\theta, \gamma_1, \psi_k$ のいずれかと共役である. 例えば φ が φ_θ と共役であったと仮定すると, 共役の定義より, ある $g \in \mathrm{M\ddot{o}b}(\mathbb{C})$ が存在して,

$$\varphi = g \circ \varphi_\theta \circ g^{-1}$$

と書ける. ここで (8.27) を用いると,

$$\varphi = g \circ J_{L(\frac{1}{2}\theta)} \circ J_{\mathbb{R}} \circ g^{-1} \tag{8.30}$$

となる. 例題 8.8 の事実を用いれば, $g \in \mathrm{M\ddot{o}b}(\mathbb{C})$ より,

$$g \circ J_{L(\frac{1}{2}\theta)} = J_{g(L(\frac{1}{2}\theta))} \circ g,$$
$$g^{-1} \circ J_{g(\mathbb{R})} = J_{\mathbb{R}} \circ g^{-1}$$

となっている. よって (8.30) は

$$g \circ J_{L(\frac{1}{2}\theta)} \circ J_{\mathbb{R}} \circ g^{-1} = J_{g(L(\frac{1}{2}\theta))} \circ g \circ g^{-1} \circ J_{g(\mathbb{R})}$$
$$= J_{g(L(\frac{1}{2}\theta))} \circ J_{g(\mathbb{R})}$$

となり, $\varphi = J_{g(L(\frac{1}{2}\theta))} \circ J_{g(\mathbb{R})}$ と書ける. φ が γ_1, ψ_k のいずれかと共役の場合もまったく同じ議論で証明できる. $\qquad\square$

ここで第 1 章で取り上げた次の例題をメビウス変換の性質を用いて示してみよう.

例題 1.2 z_1, z_2, z_3, z_4 を $\mathbb{C}$ 内の異なる 4 点とする. この 4 点が同一円周上または同一直線上にあるための必要十分条件は

$$\frac{z_1 - z_2}{z_1 - z_3} \cdot \frac{z_3 - z_4}{z_2 - z_4}$$

が実数であることを示せ.

---

z_1, z_2, z_3 を通る円または直線 C を考える. 次に z_1, z_2, z_3 を $0, 1, \infty$ に写す $\gamma \in \mathrm{M\ddot{o}b}(\mathbb{C})$ を取る. $\gamma(C)$ は $0, 1, \infty$ を通る円または直線であるから, $\gamma(C) = \hat{\mathbb{R}} = \mathbb{R} \cup \{\infty\}$ となる. まず,

$$\frac{z_1 - z_2}{z_1 - z_3} \cdot \frac{z_3 - z_4}{z_2 - z_4} \in \mathbb{R}$$

と仮定する. $\gamma \in \mathrm{M\ddot{o}b}(\mathbb{C})$ で非調和比は変わらないから,

$$\frac{z_1 - z_2}{z_1 - z_3} \cdot \frac{z_3 - z_4}{z_2 - z_4} = (z_1, z_2, z_4, z_3)$$

に注意すると,

$$\frac{z_1 - z_2}{z_1 - z_3} \cdot \frac{z_3 - z_4}{z_2 - z_4} = (0, 1, \gamma(z_4), \infty)$$
$$= \frac{1}{1 - \gamma(z_4)} \in \mathbb{R}$$

である．したがって，$\gamma(z_4) \in \hat{\mathbb{R}} = \gamma(C)$ となり，$z_4 \in C$ を得る．

逆に，z_1, z_2, z_3, z_4 が同じ C 上にあれば，$\gamma(z_4) \in \gamma(C) = \hat{\mathbb{R}}$．よって

$$(\gamma(z_1), \gamma(z_2), \gamma(z_4), \gamma(z_3)) = \frac{1}{1 - \gamma(z_4)} \in \mathbb{R}.$$

したがって $\mathrm{M\ddot{o}b}(\mathbb{C})$ による非調和比の不変性から，

$$(z_1, z_2, z_4, z_3) = \frac{z_1 - z_2}{z_1 - z_3} \cdot \frac{z_3 - z_4}{z_2 - z_4}$$

も実数になることがわかる．

以上により例題 1.2 の主張が示された．

次に有理型関数についての**鏡像の原理**（reflection principle）を示す．

定理 8.5　$D(\subset \mathbb{C})$ を境界 ∂D が区分的に滑らかな曲線からなり，C を ∂D に含まれる円弧または線分とする．f を D 上の有理型関数で，C の端点を除き C まで連続に拡張され，その像 $f(C)$ がある円周または直線上にあるとする．このとき，$z \in J_C(D)$ に対して，f を

$$f(z) = J_{f(C)} \circ f \circ J_C(z) \tag{8.31}$$

と定めれば，f は $D \cup \overset{\circ}{C} \cup J_C(D)$ 上に有理型関数として拡張される．ここで $\overset{\circ}{C}$ は C から端点を除いた部分である．

[証明の概略]　まず，C および $f(C)$ が実軸に含まれていると仮定する．このとき $J_C, J_{f(C)}$ は複素共役であるから，(8.31) は

$$f(z) = \overline{f(\bar{z})} \tag{8.32}$$

となる．$z \in J_C(D)$ に対し，$f(z)$ を (8.32) で定めれば，$J_C(D)$ で有理型になる．例えば，f が D の各点でローラン展開できることを使えば，これを示すことができる．次に $\overset{\circ}{C}$ 上での正則性を示す．このために新しく関数 F を積分

$$F(z) = \int_{z_0}^{z} f(z) dz \tag{8.33}$$

によって定義する．ここで z_0 は $\overset{\circ}{C}$ の点で固定し，z_0 から z への積分路は x 軸または y 軸に平行な有限個の折れ線からなるものとする．f は $D \cup J_C(D)$ で有理型で，$D \cup \overset{\circ}{C} \cup J_C(D)$ で連続であるから，F の値は（$\overset{\circ}{C}$ の近傍では）折れ線の取り方によらず，z のみで決まることがわかる（詳細略）．よって F は $\overset{\circ}{C}$ の近傍で関数となる．すると (8.33) の形より，

$$F'(z) = f(z)$$

となることがわかる．すなわち，F は $\overset{\circ}{C}$ の近傍で正則となる．よって系 3.1 から，f も正則となる．

C および $f(C)$ が一般の円弧または直線に含まれている場合，$\varphi_1, \varphi_2 \in \text{Möb}(\mathbb{C})$ を $\varphi_1(C), \varphi_2(f(C)) \subset \mathbb{R}$ となるようにとる．このとき，$g := \varphi_2 \circ f \circ \varphi_1^{-1}$ は前半の仮定を満たす有理型関数であるから，g は $\varphi_1(D) \cup \varphi_1(\overset{\circ}{C}) \cup J_{\varphi_1(C)}(\varphi_1(D))$ 上の有理型関数として拡張される．また，$\varphi_1^{-1} \circ J_{\varphi_1(C)} = J_C \circ \varphi_1^{-1}$（例題 8.8）であるから，$f$ は $D \cup \overset{\circ}{C} \cup J_C(D)$ 上の有理型関数となることがわかる．さらに $J_{\varphi_2(f(C))} \circ \varphi_2 = \varphi_2 \circ J_{f(C)}$ を用いれば，(8.31) が成り立つことがわかる． □

8.5 単位円板での双曲計量

我々が日常用いる，あるいは中学高校で習うのは，「ユークリッド幾何学」である．そこでは，三角形の内角の和は π ($= 180°$) であり，1 つの直線 L に対し，$\text{P} \notin L$ なる点 P を通り L に平行な直線は常に存在して唯一つである．本節で解説する幾何学は，非ユークリッド幾何学と呼ばれるものの 1 つで，上に述べたことが成り立たない幾何学である．

$\mathbb{C}$ 上のユークリッド幾何学では，2 点 $z_1, z_2 \in \mathbb{C}$ の間の距離は $|z_1 - z_2|$ で定義される．この距離は平行移動

$$z \mapsto z + k \quad (k \in \mathbb{C}),$$

あるいは回転

$$z \mapsto e^{i\theta} z \quad (0 \leqslant \theta \leqslant 2\pi)$$

によっても変わらない．くわしく言えば，$0 \leqslant \theta \leqslant 2\pi$ および $k \in \mathbb{C}$ に対し，

$$f_{\theta,k}(z) = e^{i\theta} z + k$$

とおいたとき

$$|f_{\theta,k}(z_1) - f_{\theta,k}(z_2)| = |z_1 - z_2|$$

となっている．このことは

$$|f'_{\theta,k}(z)|\,|dz| = |dz| \tag{8.34}$$

に対応している．つまり，通常の距離＝ユークリッド距離を測る計量 $|dz|$ は $f_{\theta,k}$ で不変になっている．同様のことを単位円板 $\varDelta$（または上半平面 $\mathbb{H}$）で考える．

第 4 章でシュワルツの補題の応用として，$\varphi \in \text{Aut}(\varDelta)$ は，$|\alpha|^2 - |\beta|^2 = 1$ となる $\alpha, \beta \in \mathbb{C}$ を用いて，

$$\varphi(z) = \frac{\alpha z + \beta}{\bar{\beta} z + \bar{\alpha}}$$

と書けることを示し（定理 4.1），さらに

$$\frac{|\varphi'(z)|}{1 - |\varphi(z)|^2} = \frac{1}{1 - |z|^2} \quad (z \in \Delta) \tag{8.35}$$

が成り立つことを見た（例題 4.2）．

(8.35) を (8.34) にまねて書けば，

$$\frac{|\varphi'(z)|}{1 - |\varphi(z)|^2}|dz| = \frac{|dz|}{1 - |z|^2}$$

ということになる．そこで，

$$\rho_\Delta(z)|dz| = \frac{2}{1 - |z|^2}|dz| \tag{8.36}$$

とおけば[*1)]，$\rho_\Delta(z)|dz|$ は $\varphi \in \mathrm{Aut}(\Delta)$ で不変な計量となっている．すなわち，$w = \varphi(z)$ と変数変換したとき，

$$\rho_\Delta(w)|dw| = \rho_\Delta(z)|dz|$$

が成り立っている．計量 $\rho_\Delta(z)|dz|$ を単位円板 Δ における**双曲計量** (hyperbolic metric) という．

Δ 内の 2 点 z_1, z_2 に対して，

$$\rho_\Delta(z_1, z_2) = \inf_C \int_C \rho_\Delta(z)|dz|$$

とおいて，$\rho_\Delta(z_1, z_2)$ を z_1 と z_2 の間の**双曲距離** (hyperbolic distance) という．ここで，C は z_1 と z_2 を Δ 内で結ぶ滑らかな曲線全体を動くものとする．また，$[0,1] \ni t \mapsto C(t) \in \Delta$ を C のパラメータ表示としたとき，

$$\int_C \rho_\Delta(z)|dz| = \int_0^1 \rho_\Delta(z(t))|z'(t)||dt|$$

である．

例題 8.11 $\rho_\Delta(z_1, z_2)$ は Δ 内の距離になっていることを示せ．すなわち，距離の公理

(i) $\rho_\Delta(z_1, z_2) = 0 \Longleftrightarrow z_1 = z_2$,

(ii) $\rho_\Delta(z_1, z_2) = \rho_\Delta(z_2, z_1)$,

(iii) $\rho_\Delta(z_1, z_3) \leqslant \rho_\Delta(z_1, z_2) + \rho_\Delta(z_2, z_3)$

が成り立つことを示せ．

[解答]　(ii) は自明．(iii) を示す．C_1 を z_1 と z_2 を結ぶ曲線，C_2 を z_2 と z_3

---

*1)　(8.36) の右辺の分子の 2 は計算上の都合で本質的な意味はない．

を結ぶ曲線, C_3 を C_1 と C_2 をつないだ曲線とする. このとき, C_3 は当然, z_1 と z_3 を結ぶ曲線である. よって $\rho_\Delta(z_1, z_3)$ の定義より,

$$\rho_\Delta(z_1, z_3) \leqslant \int_{C_3} \rho_\Delta(z)|dz|$$

である. また, 積分の定義より,

$$\int_{C_3} \rho_\Delta(z)|dz| = \int_{C_1} \rho_\Delta(z)|dz| + \int_{C_2} \rho_\Delta(z)|dz|$$

である. したがって,

$$\rho_\Delta(z_1, z_3) \leqslant \int_{C_1} \rho_\Delta(z)|dz| + \int_{C_2} \rho_\Delta(z)|dz|. \tag{8.37}$$

(8.37) において C_1, C_2 はそれぞれ z_1 と z_2, z_2 と z_3 を結ぶ任意の曲線ととれるから, その inf を考えて,

$$\rho_\Delta(z_1, z_3) \leqslant \rho_\Delta(z_1, z_2) + \rho_\Delta(z_2, z_3)$$

を得る. これで (iii) が示せた.

(i) を示す. ($\Longleftarrow$) は自明である. ($\Longrightarrow$) を示す. そのために対偶を考えて, $z_1 \neq z_2$ ならば $\rho(z_1, z_2) > 0$ を示す.

簡単のため $z_1 = 0$ と仮定する (そうでない場合も議論は同じ). $z_2 \neq 0$ であるから, ある $\delta > 0$ が存在して, $|z_2| > \delta$ となる.

$0 \ (= z_1)$ と z_2 を結ぶ任意の曲線 C に対し,

$$\int_C \rho_\Delta(z)|dz| \geqslant \int_{C \cap \{|z| < \delta\}} \rho_\Delta(z)|dz|$$

となり, $1 - |z|^2 \leqslant 1$ に注意すれば

$$\rho_\Delta(z)|dz| = \frac{2|dz|}{1 - |z|^2} \geqslant 2|dz|$$

であるから,

$$\int_{C \cap \{|z| < \delta\}} \rho_\Delta(z)|dz| \geqslant 2 \int_{C \cap \{|z| < \delta\}} |dz| \geqslant 2\delta.$$

よって

$$\int_C \rho_\Delta(z)|dz| \geqslant 2\delta$$

である. これより,

$$\rho_\Delta(z_1, z_2) \geqslant 2\delta > 0$$

を得る. (終)

8.6 再びシュワルツの補題

第4章でシュワルツの補題の一般化としてシュワルツ–ピックの定理を示した（定理 4.2）．そこでは次のことを示したのであった．

f を単位円板 Δ での正則関数で，任意の $z \in \Delta$ に対して $f(z) \in \Delta$ となるものとする．このとき不等式

$$\frac{|f'(z)|}{1-|f(z)|^2} \leqslant \frac{1}{1-|z|^2} \tag{8.38}$$

が成り立つ．また，ある点 $z \in \Delta$ で (8.38) の等号が成立することと，$f \in \mathrm{Aut}(\Delta)$ であることは必要十分である．

Δ 内に 2 点 z_1, z_2 をとり，この 2 点を Δ 内で結ぶ滑らかな曲線 C をとる．(8.38) から正則関数 f に対し，

$$\int_C \frac{|f'(z)|}{1-|f(z)|^2}|dz| \leqslant \int_C \frac{|dz|}{1-|z|^2}$$

を得る．ここで $w = f(z)$ と変数変換すれば，上式は

$$\int_{f(C)} \frac{|dw|}{1-|w|^2} \leqslant \int_C \frac{|dz|}{1-|z|^2}$$

を表す．$f(C)$ は $f(z_1)$ と $f(z_2)$ を結ぶ滑らかな曲線であるから，

$$\rho_\Delta(f(z_1), f(z_2)) \leqslant 2\int_{f(C)} \frac{|dw|}{1-|w|^2}$$

である．したがって，

$$\rho_\Delta(f(z_1), f(z_2)) \leqslant 2\int_C \frac{|dz|}{1-|z|^2} \tag{8.39}$$

が得られる．ここで，C は z_1 と z_2 を Δ 内で結ぶ任意の曲線であったから，(8.39) より

$$\rho_\Delta(f(z_1), f(z_2)) \leqslant \rho_\Delta(z_1, z_2) \tag{8.40}$$

を得る，また (8.40) の不等式で等号が成立するのは，f が $\mathrm{Aut}(\Delta)$ の元であるとき，かつそのときに限ることもわかる．

不等式 (8.40) が語っていることは重要である．すなわち，**双曲距離について正則関数は短縮写像になっており，等長的になるのは $\mathrm{Aut}(\Delta)$ のときに限る**ということを言っている．このことを正則関数の**短縮原理**と呼ぶことにする．

この短縮原理は，上で見たようにシュワルツ–ピックの定理から得られるものである．したがって本質的に第5章で述べたシュワルツの補題（定理 3.6）によるものである．

この短縮原理は現代の複素解析学の様々な所で顔を見せる．ここではその最も簡単な応用例をあげる．

例題 8.12 f を単位円板 Δ 上の正則関数で，$f(\Delta) \subset \Delta$ なるものとする．f が Δ 内のある異なる 2 点を固定するならば，f は恒等写像になることを示せ．

[解答] $a, b \in \Delta$ $(a \neq b)$ がとれて，$f(a) = a$，$f(b) = b$ とする．$\varphi_a \in \mathrm{Aut}(\Delta)$ を $\varphi_a(a) = 0$ となるものとし，$F = \varphi_a \circ f \circ \varphi_a^{-1}$ とおく．F も Δ で正則で $F(\Delta) \subset \Delta$ となっている．このとき

$$F(0) = F(\varphi_a(a)) = \varphi_a \circ f(a) = \varphi_a(a) = 0,$$
$$F(\varphi_a(b)) = \varphi_a \circ f(b) = \varphi$$

である．すなわち，F は 0 と $\varphi_a(b)$ を固定する．よって，

$$\rho_\Delta(F(0), F(\varphi_a(b))) = \rho_\Delta(0, \varphi_a(b))$$

となるが，これは (8.40) で等号が成立する場合であるから，$F \in \mathrm{Aut}(\Delta)$ である．また $F(0) = 0$ より $F(z) = e^{i\theta} z$ の形となるが，$F(\varphi_a(b)) = \varphi_a(b)$ より $e^{i\theta} = 1$ を得る．よって，$F(z) \equiv z$ となり，$f(z) = \varphi_a^{-1} \circ F \circ \varphi_a(z) \equiv z$ となる．（終）

8.7 上半平面の双曲計量

$\varphi(z) = \frac{z-i}{z+i}$ とおくと，φ は上半平面 $\mathbb{H} = \{z \in \mathbb{C} \mid \mathrm{Im}\, z > 0\}$ で正則な一次分数変換で，$\varphi(\mathbb{H}) = \Delta$ となっている．この写像 φ を用いて $\mathbb{H}$ 上に双曲計量を定義する．すでに単位円板 Δ には (8.36) で双曲計量 $\rho_\Delta(z)|dz|$ を定義した．上半平面 $\mathbb{H}$ での双曲計量 $\rho_\mathbb{H}(z)|dz|$ を φ と $\rho_\Delta(z)|dz|$ から定義する．すなわち，

$$\rho_\mathbb{H}(z)|dz| = \rho_\Delta(\varphi(z))|\varphi'(z)|\,|dz| \quad (z \in \mathbb{H}) \tag{8.41}$$

となるように定めるのである．

$$\varphi'(z) = \frac{z+i-(z-i)}{(z+i)^2} = \frac{2i}{(z+i)^2}$$

であるから，(8.41) の右辺において，(8.36) から

$$\rho_\Delta(\varphi(z))|\varphi'(z)| = \frac{2}{1 - |\frac{z-i}{z+i}|^2} \cdot \frac{2}{|z+i|^2}$$
$$= \frac{4}{|z+i|^2 - |z-i|^2}$$

と計算される．ここで，

$$|z+i|^2 - |z-i|^2 = |z|^2 - iz + i\overline{z} - 1 - (|z|^2 + iz - i\overline{z} - 1)$$
$$= 2i(\overline{z} - z) = 4\,\mathrm{Im}\, z$$

より，

$$\rho_{\mathbb{H}}(z)|dz| = \frac{|dz|}{\operatorname{Im} z} = \frac{|dz|}{y} \quad (z = x + iy) \tag{8.42}$$

が $\mathbb{H}$ での双曲計量となる.

(8.42) の計量は $\varphi : \mathbb{H} \to \varDelta$ を特別な形で指定して得られたものであった. しかし $\varphi(\mathbb{H}) = \varDelta$ となる $\operatorname{M\ddot{o}b}(\mathbb{C})$ は他にいくらでも存在する. 別のものをとればどうなるか, というのは自然な疑問である. 実際は何をとっても (8.42) の形は変わらない. $\psi : \mathbb{H} \to \varDelta$ を $\operatorname{M\ddot{o}b}(\mathbb{C})$ の元で $\psi(\mathbb{H}) = \varDelta$ となるものとする. この ψ より (8.41) と同じく,

$$\tilde{\rho}_{\mathbb{H}}(z)|dz| = \rho_{\varDelta}(\psi(z))|\psi'(z)| |dz| \tag{8.43}$$

で $\mathbb{H}$ 上に $\tilde{\rho}_{\mathbb{H}}(z)|dz|$ を定義する. ここで $\gamma = \psi \circ \varphi^{-1}$ とおくと, $\gamma \in \operatorname{Aut}(\varDelta)$ である. $\psi = \gamma \circ \varphi$ であるから, (8.43) の右辺は

$$\rho_{\varDelta}(\psi(z))|\psi'(z)| |dz| = \rho_{\varDelta}(\gamma(\varphi(z)))|\gamma'(\varphi(z))| |\varphi'(z)| |dz|$$

となる. ここで $\varDelta$ の双曲計量 $\rho_{\varDelta}(z)|dz|$ の $\operatorname{Aut}(\varDelta)$ についての不変性

$$\rho_{\varDelta}(\gamma(z))|\gamma'(z)| = \rho_{\varDelta}(z) \quad (\gamma \in \operatorname{Aut}(\varDelta))$$

を用いれば,

$$\rho_{\varDelta}(\gamma(\varphi(z)))|\gamma'(\varphi(z))| |\varphi'(z)| |dz| = \rho_{\varDelta}(\varphi(z))|\varphi'(z)| |dz|$$
$$= \rho_{\mathbb{H}}(z)|dz|$$

となり, 求める $\tilde{\rho}_{\mathbb{H}}(z)|dz| = \rho_{\mathbb{H}}(z)|dz|$ が得られる.

$\mathbb{H}$ 上の 2 点 z_1, z_2 に対して $\varDelta$ の場合と同様にして, $\mathbb{H}$ での双曲距離 $\rho_{\mathbb{H}}(z_1, z_2)$ を定義することができる. すなわち,

$$\rho_{\mathbb{H}}(z_1, z_2) = \inf_C \int_C \rho_{\mathbb{H}}(z)|dz|$$

とおく. ここに C は z_1 と z_2 を $\mathbb{H}$ 内で結ぶ滑らかな曲線全体を動く. $\rho_{\mathbb{H}}(z_1, z_2)$ が $\mathbb{H}$ 上の距離を与えることと, 正則関数 $f : \mathbb{H} \to \mathbb{H}$ に対して短縮原理

$$\rho_{\mathbb{H}}(f(z_1), f(z_2)) \leqslant \rho_{\mathbb{H}}(z_1, z_2)$$

をみたすこと, およびこの不等式で等号成立条件が $f \in \operatorname{Aut}(\mathbb{H})$ であることなども $\varDelta$ の場合と同じである. 実際, (8.41) から $\mathbb{H}$ 内の曲線 C に対して,

$$\int_C \rho_{\mathbb{H}}(z)|dz| = \int_{\varphi(C)} \rho_{\varDelta}(w)|dw| \quad (w = \varphi(z))$$

が成立しているから, $\mathbb{H}$ での双曲計量についての計算は φ を通して $\varDelta$ での双曲計量の計算に言い換えられる. したがって, $\varDelta$ での事実が $\mathbb{H}$ に伝幡されるのである.

8.8 双曲幾何学

単位円板 Δ と上半平面 $\mathbb{H}$ において双曲距離を定義した．実際にこの距離がどのようなものになるのか計算してみよう．

上半平面 $\mathbb{H}$ で考える．まず2点 i と ki $(k > 0)$ の間の双曲距離を考える．定義によれば，

$$\rho_{\mathbb{H}}(i, ki) = \inf \int_C \frac{|dz|}{y} \tag{8.44}$$

である．ここで C は i と ki を $\mathbb{H}$ 内で結ぶ滑らかな曲線全体を動く．一方，$|dz| \geqslant |dy|$ であるから，

$$\int_C \frac{|dz|}{y} \geqslant \left| \int_1^k \frac{dy}{y} \right| = |\log k|$$

を得る．よって $\rho_{\mathbb{H}}(i, ki) = |\log k|$ である．

このことは，(8.44) において $\inf$ は i と ki を結ぶ虚軸上の線分で与えられることを意味している．

次に任意の2点 $z_1, z_2 \in \mathbb{H}$ $(z_1 \neq z_2)$ に対して双曲距離 $\rho_{\mathbb{H}}(z_1, z_2)$ を考える．まず以下のことを確認する．

例題 8.13 $\mathbb{H}$ 内の2点 z_1, z_2 に対して，ある $\varphi \in \mathrm{Aut}(\mathbb{H})$ と $k > 0$ が存在して，$\varphi(z_1) = i$, $\varphi(z_2) = ki$ となることを示せ．

[解答] $\mathrm{Re}\, z_1 = \mathrm{Re}\, z_2$ ならば，

$$\varphi(z) = \frac{1}{\mathrm{Im}\, z_1}(z - \mathrm{Re}\, z_1)$$

とおけば φ は求める $\mathrm{Aut}(\mathbb{H})$ の元になっている．

$\mathrm{Re}\, z_1 \neq \mathrm{Re}\, z_2$ とする．このとき z_1 と z_2 を結ぶ垂直二等分線は実軸 $\mathbb{R}$ と交わる．この点を中心として z_1 を通る円 C は z_2 も通り，さらに $\mathbb{R}$ と直交するものになる．

この円 C が $\mathbb{R}$ と交わる点を a, b とする（図 8.4）．$a < b$ として

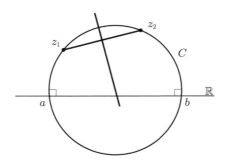

図 8.4 z_1, z_2 から a, b を決める．

$$\varphi_0(z) = \frac{z-b}{z-a}$$

とおけば $\varphi_0(a) = \infty$, $\varphi_0(b) = 0$ となる.

また

$$\varphi_0(z) = \frac{\frac{z}{\sqrt{b-a}} - \frac{b}{\sqrt{b-a}}}{\frac{z}{\sqrt{b-a}} - \frac{a}{\sqrt{b-a}}}$$

であるから,φ_0 は $SL(2, \mathbb{R})$ の行列

$$\begin{pmatrix} \dfrac{1}{\sqrt{b-a}} & \dfrac{-b}{\sqrt{b-a}} \\ \dfrac{1}{\sqrt{b-a}} & \dfrac{-a}{\sqrt{b-a}} \end{pmatrix}$$

で表現される.よって $\varphi_0 \in \mathrm{Aut}(\mathbb{H})$ である.特に $\varphi_0(\mathbb{R} \cup \{\infty\}) = \mathbb{R} \cup \{\infty\}$ である.

ここで $\varphi_0(C)$ を考える.C は円であるから,一次分数変換によるその像 $\varphi_0(C)$ は円または直線である.一方 $\varphi_0(a) = \infty$ であったから,$\varphi_0(C)$ も ∞ を通る.したがって $\varphi_0(C)$ は円ではなく $\varphi_0(b) = 0$ を通る直線である.また C は $\mathbb{R}$ と直交していたから,$\varphi_0(C)$ も $\varphi_0(\mathbb{R} \cup \{\infty\}) = \mathbb{R} \cup \{\infty\}$ と直交しなければならない.これは $\varphi_0(C)$ が虚軸であることを意味し,$\varphi_0(z_1), \varphi_0(z_2) \in \mathbb{H}$ は虚軸上の 2 点となる.よって,

$$\varphi(z) = \frac{1}{\mathrm{Im}\, \varphi_0(z_1)} \varphi_0(z)$$

とおけば,これが求める $\varphi \in \mathrm{Aut}(\mathbb{H})$ となる.$k > 0$ は

$$k = \frac{\mathrm{Im}\, \varphi_0(z_2)}{\mathrm{Im}\, \varphi_0(z_1)}$$

で与えられる.（終）

この例題の解答において,円 C の弧で z_1 と z_2 を結ぶ $\mathbb{H}$ の部分を C_0 とすれば,

$$\rho_{\mathbb{H}}(z_1, z_2) = \int_{C_0} \rho_{\mathbb{H}}(z) |dz|$$

になっていることがわかる.すなわち,$\mathbb{H}$ 上の 2 点 z_1, z_2 の双曲距離 $\rho_{\mathbb{H}}(z_1, z_2)$ は,z_1 と z_2 を通り $\widehat{\mathbb{R}} = \mathbb{R} \cup \{\infty\}$ に直交する円または直線で与えられるということである.つまり,双曲距離の定義における下限（inf）は実際にはこのような円または直線で与えられる.

与えられた 2 点に対し,その 2 点間を結ぶ曲線で,2 点間の双曲距離を与えるものを**（双曲）測地線**（geodesic）と呼ぶ.上半平面 $\mathbb{H}$ の 2 点間の測地線は,その 2 点を通り実軸に直交する円または直線で与えられる.

測地線はユークリッド幾何学における直線に相当する.ユークリッド幾何学

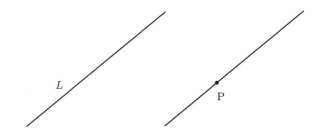

図 8.5 平行線の公理.

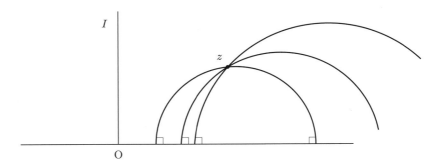

図 8.6 測地線は無限個存在する.

の公準によれば，平面上の直線 L に対しその直線上にない点 P を通り L と交わらない直線が唯一つ存在する（図 8.5）．これは平行線の公理と呼ばれる．

これに相当することを上半平面 $\mathbb{H}$ とその測地線で考えてみる．例えば虚軸 I は $\mathbb{H}$ で測地線である．I 上にない $z \in \mathbb{H}$ を通り I と交わらない測地線は無限個存在する（図 8.6），つまり $\mathbb{H}$ 上の双曲距離の幾何学，**双曲幾何学**においてユークリッドの平行線の公理が成立しないのである．これは単位円板 Δ の双曲幾何においても同じである．

双曲幾何学はユークリッドの平行線の公理を満たさないということで**非ユークリッド幾何学**と呼ばれる．双曲幾何学は非ユークリッド幾何学の 1 つという位置付けであるが，現代数学における役割は決して小さくない．本書では後でその一端を垣間見ることになる．

第 9 章

双曲幾何学とリーマン面

9.1 双曲三角形

前章では，複素平面内の単位円板 Δ および上半平面 $\mathbb{H}$ で定義された双曲計量に基づく幾何学，双曲幾何学においてはユークリッド幾何学における平行線の公理が成り立たないことを示した．本章では，もう少しその幾何学を眺めることにする．

まず Δ 内に 3 点 A, B, C をとり，この 3 点を頂点とする双曲三角形 $\triangle$ABC を考える．ここで双曲三角形とは，その三辺が測地線であるような図形である．前章で示したように，$\mathrm{Aut}(\Delta)$ の元は双曲計量に関して等長的であるから，A は原点 $z = 0$ と仮定してよい．このとき，辺 AB, AC はそれぞれ A と B，A と C を結ぶ通常の線分である（図 9.1）．一方，B と C を結ぶ測地線はこの 2 点を通り，単位円に直交する円であるから，図 9.1 のように B と C を結ぶ線分 $\overline{\mathrm{BC}}$ よりも A のほうに曲がったものになる．双曲三角形 $\triangle$ABC の内角は交わる辺の接線の角度で定義される．頂点 A, B, C における $\triangle$ABC の内角を α, β, γ とすると，β と γ は A, B, C が作るユークリッドの三角形の内角より小になる．ユークリッドの三角形の内角の和は π であったから，双曲三角形 $\triangle$ABC においては，

$$\alpha + \beta + \gamma < \pi$$

となっている．

例題 9.1 α, β, $\gamma \geqslant 0$ を $\alpha + \beta + \gamma < \pi$ となるように与えたとき，その内角がちょうど α, β, γ となる双曲三角形が存在することを示せ．

[解答] $0 \leqslant \alpha \leqslant \beta \leqslant \gamma$ と仮定しても一般性を失わない．

(i) $0 = \alpha < \beta \leqslant \gamma$ のとき：図 9.2 のように点 B を原点，点 A を単位円上にとる．辺 AB は A と B を結ぶ線分であり，同時に測地線でもある．また，点

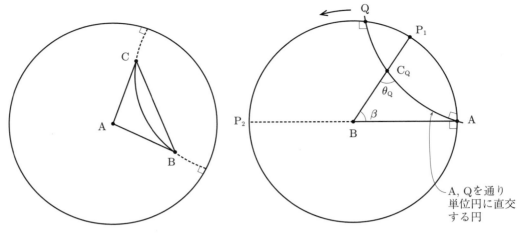

図 9.1　双曲三角形.　　　　　　図 9.2　$0 = \alpha < \beta \leqq \gamma$.

P_1 を $\angle ABP_1 = \beta$ となるようにとり，点 P_2 を AB を延長して単位円と交わった点とする.

　点 Q を図 9.2 のように単位円上で点 P_1 と点 P_2 の間にとり，A と Q を結ぶ測地線と辺 BP_1 との交点を C_Q とし，$\triangle ABC_Q$ の C_Q での内角を θ_Q とする. θ_Q は点 Q に関し連続的に動き，$Q = P_1$ のとき $\theta_Q = 0$ であり，Q が P_2 に近づいたとき，$\theta_Q \to \pi - \beta$ となる. 仮定により，

$$0 < \gamma < \pi - \beta$$

であるから，連続関数の中間値の定理より，$\theta_Q = \gamma$ となる Q が存在する. このとき $C = C_Q$ とすれば，これが求める双曲三角形を与える.

(ii) $0 = \alpha = \beta < \gamma$ のとき：図 9.3 のように，点 C を原点にとり，C で角度 γ で交わる 2 本の半直線と単位円の交点を A, B として，A と B を測地線で結べば求める双曲三角形が得られる.

(iii) $\alpha = \beta = \gamma = 0$ のとき：単位円上に 3 点 A, B, C をとり，互いに測地線で結べばよい（図 9.4）.

(iv) $0 < \alpha \leqq \beta \leqq \gamma$ のとき：B を原点にとり，双曲三角形 $\triangle A'BC'$ を (i) のように A' での内角が 0，B での内角が β，C' での内角が γ となるように作る（図 9.5）. これは

$$0 < \beta + \gamma < \pi$$

であるから (i) より可能である.

　ここで点 Q を辺 BC' 上にとり，Q を通る測地線で BC' と角度 γ で交わるものを考え，辺 BA' との交点を A_Q とおく（図 9.5）. 双曲三角形 $\triangle A_Q BQ$ での A_Q の内角を θ_Q とすれば，θ_Q は Q について連続で，$Q = C'$ のとき $\theta_Q = 0$. また，Q が B に近づいたとき，θ_Q は $\pi - \gamma - \beta$ に近づく. 仮定より，

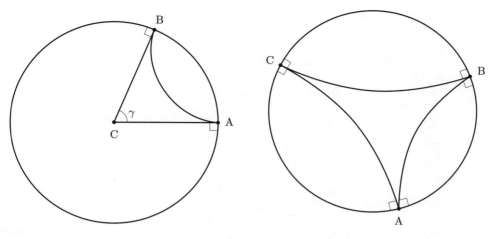

図 9.3 $\alpha = \beta < \gamma$. 　　　　　　　　図 9.4 $\alpha = \beta = \gamma = 0$.

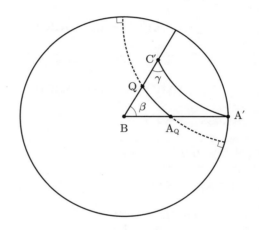

図 9.5 $0 < \alpha \leqslant \beta \leqslant \gamma$.

$$\pi - \gamma - \beta > \alpha$$

であるから，中間値の定理より，$\theta_{\mathrm{Q}} = \alpha$ となる Q が存在する．この点を C とし，A_{Q} を A とおけば求める双曲三角形が得られる．（終）

$\varDelta$ 内の双曲三角形 $\triangle\mathrm{ABC}$ に対して，積分

$$\mathscr{A}_{\varDelta}(\triangle\mathrm{ABC}) := \iint_{\triangle\mathrm{ABC}} \frac{4dxdy}{(1 - |z|^2)^2}$$

を $\triangle\mathrm{ABC}$ の**双曲面積**という．

前章で示したように $\varphi \in \mathrm{Aut}(\varDelta)$ のとき，

$$\frac{|\varphi'(z)|}{1 - |\varphi(z)|^2} = \frac{1}{1 - |z|^2}$$

であったから，$\varphi(z) = u + iv$ とおいたとき，

$$\frac{4|\varphi'(z)|^2}{(1-|\varphi(z)|^2)^2} = \frac{4}{1-|z|^2}$$

であり，$|\varphi'(z)|^2 dxdy = dudv$ であるから，

$$\mathscr{A}_\Delta(\varphi(\triangle \mathrm{ABC})) = \mathscr{A}_\Delta(\triangle \mathrm{ABC})$$

を得る．すなわち，$\varphi \in \mathrm{Aut}(\Delta)$ によって三角形の双曲面積は変わらないことがわかる．

上半平面 $\mathbb{H}$ 内の双曲三角形 $\triangle \mathrm{ABC}$ に対しても

$$\mathscr{A}_\mathbb{H}(\triangle \mathrm{ABC}) := \iint_{\triangle \mathrm{ABC}} \frac{dxdy}{y^2}$$

によって双曲面積を定義する．このとき，Δ の場合と同様に，$\varphi \in \mathrm{Aut}(\mathbb{H})$ に対して

$$\mathscr{A}_\mathbb{H}(\varphi(\triangle \mathrm{ABC})) = \mathscr{A}_\mathbb{H}(\triangle \mathrm{ABC})$$

がわかる．また，$\gamma \in \mathrm{M\ddot{o}b}(\mathbb{C})$ で $\gamma(\mathbb{H}) = \Delta$ なるものとすれば

$$\mathscr{A}_\mathbb{H}(\triangle \mathrm{ABC}) = \mathscr{A}_\Delta(\gamma(\triangle \mathrm{ABC})) \tag{9.1}$$

となることもわかる．

例題 9.2 (9.1) を確認せよ．

[**解答**] $\gamma \in \mathrm{M\ddot{o}b}(\mathbb{C})$, $\gamma(\mathbb{H}) = \Delta$ なるとき，

$$\frac{|\gamma'(z)|}{1-|\gamma(z)|^2} = \frac{1}{\mathrm{Im}\, z}$$

であった ((8.41))．また，$\gamma(z) = u + iv$ でのとき，

$$|\gamma'(z)|^2 dxdy = dudv$$

であるから，

$$\begin{aligned}
\mathscr{A}_\mathbb{H}(\triangle \mathrm{ABC}) &= \iint_{\triangle \mathrm{ABC}} \frac{dxdy}{y^2} = \iint_{\triangle \mathrm{ABC}} \frac{4|\gamma'(z)|^2}{(1-|\gamma(z)|^2)^2} dxdy \\
&= \iint_{\gamma(\triangle \mathrm{ABC})} \frac{4dudv}{(1-|w|^2)^2} \quad (w = u + iv) \\
&= \mathscr{A}_\Delta(\gamma(\triangle \mathrm{ABC}))
\end{aligned}$$

となり，(9.1) が得られた．（終）

実際に双曲面積を求めてみよう．計算の都合上，上半平面 $\mathbb{H}$ で双曲三角形を考える．まず図 9.6 のような双曲三角形 $\triangle \mathrm{ABC}$ で計算する．$\triangle \mathrm{ABC}$ は A が ∞ で，内角は $0, \frac{\pi}{2}, \gamma$ である．$\varphi(z) = kz$ $(k > 0)$ でこの三角形を写しても双

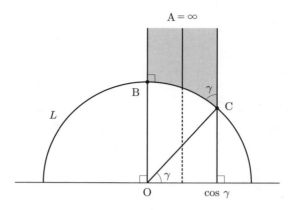

図 9.6 面積の計算.

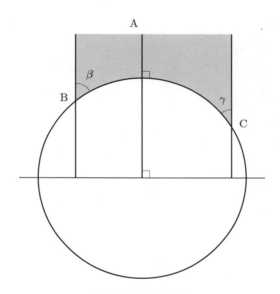

図 9.7 虚軸で分割.

曲面積は変わらないので, B は $z = i$ としてよい. よって B と C を結ぶ測地線 L は単位円上にある. また, OC と実軸のなす角は γ である (図 9.6). 面積を求める重積分を虚軸に平行な直線で y に関するものと, x についての積分とに分けて累次積分を行うと,

$$\mathscr{A}_{\mathbb{H}}(\triangle ABC) = \int_0^{\cos\gamma} \int_{\sqrt{1-x^2}}^{\infty} \frac{dy}{y^2} dx = \int_0^{\cos\gamma} \frac{1}{\sqrt{1-x^2}} dx$$

を得るが, ここで $x = \cos\theta$ とおけば, $dx = -\sin\theta d\theta$ より,

$$\mathscr{A}_{\mathbb{H}}(\triangle ABC) = \int_{\frac{\pi}{2}}^{\gamma} \frac{-\sin\theta}{\sin\theta} d\theta = \frac{\pi}{2} - \gamma \tag{9.2}$$

を得る.

(9.2) を用いると, 図 9.7 のような双曲三角形 $\triangle ABC$ に対しては, 虚軸で分

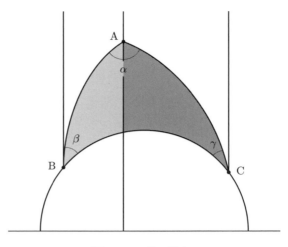

図 9.8 一般の場合.

割することにより,

$$\mathscr{A}_{\mathbb{H}}(\triangle \mathrm{ABC}) = \pi - (\beta + \gamma) \tag{9.3}$$

となることがわかる.

　一般の双曲三角形 $\triangle \mathrm{ABC}$ については,まず辺 BC は $\mathrm{Aut}(\mathbb{H})$ の作用を考えることによって,単位円 $\{|z| = 1\}$ にあると仮定してよい. すると図 9.8 のようになるが,各頂点を通り虚軸に平行な直線と各辺が作る三角形を考えて (9.3) を使えば,

$$\mathscr{A}_{\mathbb{H}}(\triangle \mathrm{ABC}) = \pi - (\alpha + \beta + \gamma)$$

であることがわかる. 以上によって次の結果が得られたことになる.

> **定理 9.1** 内角が α, β, γ である双曲三角形の面積は $\pi - (\alpha + \beta + \gamma)$ である.

　さらにこの定理から次のことがわかる.

> **定理 9.2** $0 \leqslant \alpha, \beta, \gamma$ を $\alpha + \beta + \gamma < \pi$ となる実数とする. $\triangle_1, \triangle_2$ をその内角が α, β, γ である双曲三角形とする. 内角が α, β, γ の頂点は,この順に反時計回りに並んでいるものとすれば,$\triangle_1$ と $\triangle_2$ は合同である. すなわち,ある $\varphi \in \mathrm{Aut}(\varDelta)$ が存在して,$\varphi(\triangle_1) = \triangle_2$ となる.

[証明]　議論は同じであるので,例題 9.1 の解答の (iv) の場合,$0 < \alpha \leqslant \beta \leqslant \gamma$ のときを示す.

　$\triangle_i$ の頂点を $\mathrm{A}_i, \mathrm{B}_i, \mathrm{C}_i$ とし ($i = 1, 2$),$\mathrm{A}_i, \mathrm{B}_i, \mathrm{C}_i$ でのそれぞれの内角を α, β, γ とする. $\mathrm{Aut}(\varDelta)$ の作用を考えて,A_1 と A_2 は原点であり,$\mathrm{B}_1, \mathrm{B}_2$ は実軸上 0 と 1 の間にあるとしてよい. すると,C_1 と C_2 は原点から出て,正の実軸

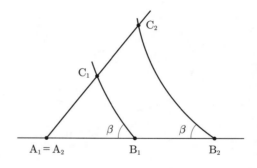

図 9.9　C_1, C_2 の位置.

と角度 γ で交わる半直線 L 上にある．頂点 B_i の座標を x_i とする（$i = 1, 2$）．$x_1 = x_2$ すなわち $B_1 = B_2$ を示す．そうすれば，自動的に $C_1 = C_2$ が得られる．

$0 < x_1 \leqslant x_2 < 1$ と仮定してよい．B_1, B_2 それぞれを通り，実軸と角度 β で交わる測地線 L_1, L_2 を考える．このとき，L_1 と L_2 は $\varDelta$ 内では交わらない．実際，もしこの 2 本の測地線が $\varDelta$ 内の点 P で交われば，双曲三角形 $\triangle PB_1B_2$ の面積は定理 9.1 を用いて，

$$\pi - \gamma - (\pi - \gamma) = 0$$

となり矛盾を生じる．

L と L_1, L_2 の交点が C_1, C_2 となるが，このときの 2 点の位置は図 9.9 のようになる．明らかに

$$\triangle A_1B_1C_1 \subsetneqq \triangle A_2B_2C_2$$

であるが，2 つの三角形ともに内角は同じであるから，その面積は等しいはずである．これは矛盾．よって $x_1 = x_2$ となる． $\qquad\square$

9.2　リーマン面

まず，タイトルのリーマン面の定義を与える．

定義 9.1　連結な 1 次元複素多様体を**リーマン面**（Riemann surface）という．

この定義の意味はくわしく言えば，リーマン面とはその各点のまわりに正則な局所座標がとれるということである．ここで「正則な局所座標がとれる」とはどういうことかと言うと，リーマン面たる集合（位相空間）X の点 p のある近傍（これを p での**局所近傍**という）U_p と U_p から $\mathbb{C}$ の内部への位相写像 φ_p が存在し，その座標変換が正則であるときをいう．「座標変換が正則」とは，X の別の点 q と q に対して p と同様に存在する q の近傍 U_q と U_q から $\mathbb{C}$ の内部

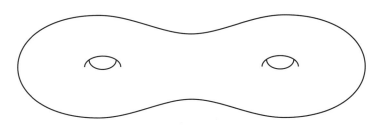

図 9.10　種数 2 のリーマン面.

への位相写像 φ_q に対して，$U_p \cap U_q \neq \phi$ なるときに，$\varphi_p(U_p \cap U_q)$ で $\varphi_q \circ \varphi_p^{-1}$ が通常の意味で正則になるときをいう.

　リーマン面 X では，正則関数，有理型関数などの複素解析の概念が局所座標を用いて定義される. また，2 つのリーマン面 X, Y の間の写像 $F : X \to Y$ の正則性も局所座標を用いて定義される. つまり，写像 $F : X \to Y$ が**正則写像**（holomorphic mapping）であるとは，各 $p \in X$ と p での局所近傍 U_p，および $F(p)$ での局所近傍 $V_{F(p)}$ に対し，$\psi_{F(p)} \circ F \circ \varphi_p^{-1}$ が $\varphi_p(U_p)$ で正則になるときをいう. ここに $\varphi_p, \psi_{F(p)}$ はそれぞれ $U_p, V_{F(p)}$ での局所座標である. また，正則写像 $F : X \to Y$ が全単射であるとき，F を X から Y への**等角写像**（conformal mapping）という. 2 つのリーマン面 X, Y の間に等角写像が存在するとき，X と Y は**等角同値**（conformally equivalent）であるという.

　$\mathbb{C}$ 内の領域 D は最も簡単なリーマン面の例である. その他に種々のリーマン面の例は考えられるが，本書では話を図 9.10 のようなリーマン面を中心に考えることにする.

　図 9.10 は浮き輪を 2 つつなげた表面を表している. これを種数 2 の**コンパクトリーマン面**とよぶ. 浮き輪を g 個（$g \geqq 0$）つなげたものは種数 g のコンパクトリーマン面となる. 種数 1 のコンパクトリーマン面はトーラス（＝ドーナツの表面）となる.

　種数 g のコンパクトリーマン面が定義 9.1 にいうリーマン面となることは自明ではなく，むしろその証明は難しい. ここではそれは認めて話を進める.

　双曲幾何に関連してまず示したいのは次の定理である.

定理 9.3　g を 2 以上の整数とする. 種数 g のコンパクトリーマン面には双曲計量が定義される.

まずこの定理の主張の意味から述べなければならない.

　X を種数 g のコンパクトリーマン面とする. 定理の主張は X に何らかの計量が定義され，それが「双曲計量」と呼ぶのにふさわしいものである，ということである. すでに我々は単位円板 Δ および上半平面 $\mathbb{H}$ における双曲計量は知っている. それは実のところ大変由緒正しいもので，したがって X 上の「双曲計量」も，その由緒正しい双曲計量と直接かかわりを持つものでなければな

らない.

Δ 上の双曲計量 $\rho_\Delta(z)|dz|$, $\mathbb{H}$ 上の双曲計量 $\rho_{\mathbb{H}}(z)|dz|$ はそれぞれ

$$\rho_\Delta(z)|dz| = \frac{2}{1-|z|^2}|dz|, \quad \rho_{\mathbb{H}}(z)|dz| = \frac{1}{\operatorname{Im} z}|dz|$$

であり，両者は Δ から $\mathbb{H}$ の上への等角写像 φ を通して

$$\rho_{\mathbb{H}}(\varphi(z))|\varphi'(z)||dz| = \rho_\Delta(z)|dz| \tag{9.4}$$

なる関係があった．そこで，(9.4) の形をまねてリーマン面 X 上に双曲計量を定め，それによる幾何を展開する．以下，少し長くなるが，それを解説する．

9.3　普遍被覆面

リーマン面 X 上に 1 点 p_0 を取り，これを基点として固定する．X 上の点 p と p_0 から p へ至る曲線 C に対して，そのペア (p, C) を考える．このような 2 つのペア (p_1, C_1), (p_2, C_2) に同値関係 $\sim$ を次のように定義する．

$(p_1, C_1) \sim (p_2, C_2)$
$\Longleftrightarrow p_1 = p_2$ かつ $C_1 C_2^{-1}$ が定値写像 $\{p_0\}$ とホモトピック.

ただし，$C_1 C_2^{-1}$ は p_0 から p_1 へ至る曲線 C_1 に，p_1 から p_0 に戻る曲線 C_2^{-1} をつなげたものである．

この関係 $\sim$ が同値関係となっていることは簡単に確かめられる．(p, C) を代表元とする同値類を $[p, C]$ と書くことにする．

ここで X 上のすべての点 p と p_0 を結ぶすべての曲線 C のペア (p, C) の同値類 $[p, C]$ 全体を考え，それを $\widetilde{X}$ と書く．すなわち，

$$\widetilde{X} = \bigcup_{\substack{p \in X \\ C : p_0 \text{ と } p \text{ を} \\ \text{結ぶ曲線}}} [p, C]$$

である．次に，$\widetilde{X}$ にリーマン面 X から定まる自然な局所座標が定義され，$\widetilde{X}$ も再びリーマン面になることを見よう．

X はリーマン面であったから，X の任意の点 p にはある近傍 U_p と U_p から $\mathbb{C}$ の中への同相写像 φ_p が存在する．必要ならば U_p を縮めて $\varphi_p(U_p)$ は $\mathbb{C}$ 内の円板で $\varphi_p(p)$ がその円板の中心であると仮定してよい．このとき，U_p の任意の点 q に対して，p と q を結ぶ曲線 C_{pq} を $\varphi_p(C_{pq})$ が円板 $\varphi_p(U_p)$ 内で中心 $\varphi_p(p)$ と $\varphi_p(q)$ を結ぶ線分となるようにとる（図 9.11）.

$p \in X$ と p_0 と p を結ぶ曲線 C をとる．次に曲線 C_q を CC_{pq} で定義する．ここで CC_{pq} は曲線 C の後に曲線 C_{pq} を結ぶということで定める．すると，CC_{pq} は p_0 から q に至る曲線となる．$\tilde{p} = [p, C]$ に対し，集合 $\widetilde{U}_{\tilde{p}}$ を

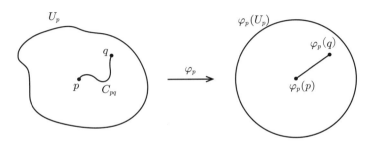

図 9.11 曲線 C_{pq}.

$$\widetilde{U}_{\tilde{p}} = \bigcup_{q \in U_p} [q, CC_{pq}]$$

と定義し，これで $\widetilde{X}$ の点 $\tilde{p}$ の近傍とする．また，$\widetilde{U}_{\tilde{p}}$ から $\mathbb{C}$ への写像 $\widetilde{\varphi}_{\tilde{p}}$ を

$$\widetilde{\varphi}_{\tilde{p}}([q, CC_{pq}]) = \varphi_p(q) \tag{9.5}$$

で定義する．これで $\widetilde{X}$ をリーマン面にする近傍と写像が用意できた．

例題 9.3 上記の $\widetilde{U}_{\tilde{p}}, \widetilde{\varphi}_{\tilde{p}}$ によって $\widetilde{X}$ がリーマン面になることを示せ．

[**解答**] $p_1, p_2 \in X$ に対して，$\widetilde{U}_{\tilde{p}_1} \cap \widetilde{U}_{\tilde{p}_2} \neq \phi$ とする．このとき，$U_{p_1} \cap U_{p_2} \neq \phi$ である．(9.5) より $\widetilde{\varphi}_{\tilde{p}_2}(\widetilde{U}_{\tilde{p}_1} \cap \widetilde{U}_{\tilde{p}_2})$ において，

$$\widetilde{\varphi}_{\tilde{p}_1} \circ \widetilde{\varphi}_{\tilde{p}_2}^{-1} = \varphi_{p_1} \circ \varphi_{p_2}^{-1}$$

であることがわかる．X はリーマン面であったから，$\varphi_{p_1} \circ \varphi_{p_2}^{-1}$ は正則である．したがって $\widetilde{\varphi}_{\tilde{p}_1} \circ \widetilde{\varphi}_{\tilde{p}_2}^{-1}$ も正則となり，$\widetilde{X}$ はリーマン面となる．（終）

　このように構成した $\widetilde{X}$ を X の**普遍被覆面**（universal covering）という．

　普遍被覆面 $\widetilde{X}$ の位相について考える．$\widetilde{X}$ の基点 $\tilde{p}_0$ を

$$\tilde{p}_0 = [p_0, \{p_0\}]$$

で定義する．ここで $\{p_0\}$ は p_0 の定値写像である．

　$\widetilde{\alpha}$ を $\tilde{p}_0$ を通る $\widetilde{X}$ 上の閉曲線とする．すなわち，$\widetilde{\alpha}$ は $[0,1]$ から $\widetilde{X}$ への連続写像で $\widetilde{\alpha}(0) = \widetilde{\alpha}(1) = \tilde{p}_0$ となるものである．$\widetilde{X}$ の定義より，$t \in [0,1]$ に対して

$$\widetilde{\alpha}(t) = [p_t, \alpha_t]$$

となる点 $p_t \in X$ と p_0 と p_t を結ぶ曲線 α_t が存在する．さらに α_t $(0 \leqslant t < 1)$ が曲線 $\alpha = \alpha_1$ の部分曲線になると仮定してよい（図 9.12）．

　仮定より，

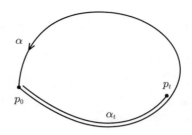

図 9.12 $\alpha_t \subset \alpha \ (= \alpha_1)$.

$$[p_0, \{p_0\}] = \widetilde{\alpha}(0) = \widetilde{p}_0 = \widetilde{\alpha}(1) = [p_1, \alpha]$$

であったから，$p_0 = p_1$ で α は p_0 を通る閉曲線で，定値写像 $\{p_0\}$ とホモトピックである．換言すれば曲線 C_1 は連続変形で 1 点 $\{p_0\}$ に縮む．すなわち，ある連続写像 $H\colon [0,1] \times [0,1] \to X$ で以下の 2 条件を満たすものが存在する．

(i)　$H(0, \cdot) = p_0, \quad H(1, \cdot) = \alpha(\cdot)$.

(ii)　$H(\cdot, 0) = H(\cdot, 1) = p_0$.

条件 (i) は第 1 パラメーターが 0 と 1 のとき，2 曲線がそれぞれ定値写像，曲線 α になることを意味しており，(ii) は $0 \leqslant s \leqslant 1$ に対して，$H(s, \cdot)\colon [0,1] \to X$ が p_0 を通る閉曲線であることを意味している．そこで写像 $\widetilde{H}\colon [0,1] \times [0,1] \to \widetilde{X}$ を

$$\widetilde{H}(s, t) = [H(s, t), H(s, [0, t])]$$

で定義する．$\widetilde{H}$ は連続であり，さらに

$$\widetilde{H}(0, \cdot) = [H(0, \cdot), H(0, \{0\})] = [p_0, \{p_0\}] = \widetilde{p}_0,$$
$$\widetilde{H}(1, \cdot) = [H(1, \cdot), H(1, [0, \cdot])] = [p_0, \alpha(\cdot)] = \widetilde{\alpha}(\cdot)$$

となる．よって (i) と同様の関係式が成り立つことがわかる．また，

$$\widetilde{H}(\cdot, 0) = [H(\cdot, 0), H(\cdot, \{0\})] = [p_0, \{p_0\}] = \widetilde{p}_0,$$
$$\widetilde{H}(\cdot, 1) = [H(\cdot, 1), H(\cdot, [0, 1])]$$

であるが，(ii) より $H(\cdot, [0, 1])$ は p_0 を通る閉曲線で，これは定値写像 $\{p_0\}$ とホモトピックであったから，

$$\widetilde{H}(\cdot, 1) = [p_0, \{p_0\}] = \widetilde{p}_0$$

を得る．つまり (ii) と同様の関係式も $\widetilde{H}$ は満たすことがわかる．以上により $\widetilde{H}$ は $\{\widetilde{p}_0\}$ と $\widetilde{\alpha}$ はホモトピックであることが示された．すなわち，$\widetilde{X}$ において $\widetilde{p}_0$ を通る任意の閉曲線は $\{\widetilde{p}_0\}$ とホモトピックである．これは $\widetilde{X}$ が単連結であることを意味する．以上により，次の定理が示された．

定理 9.4 普遍被覆面 $\widetilde{X}$ は単連結リーマン面である.

p_0 を通る X 上の閉曲線 γ に対し, p_0 を固定するホモトピー類を $[\gamma]$ とする. 2 つの閉曲線 γ_1, γ_2 に対し, 曲線をつなぐという操作で積 $\gamma_1\gamma_2$ から $[\gamma_1][\gamma_2]$ が定義され, これによって群構造が定まる. 基点 p_0 を通る閉曲線のホモトピー類全体のなす群を **基本群** と呼び, $\pi_1(X; p_0)$ と書く. 単位元 1 は定値写像になる.

任意の $[\gamma] \in \pi_1(X; p_0)$ に対して $\widetilde{X}$ の写像 $[\gamma]_*$ を

$$[\gamma]_*([p, C]) = [p, \gamma^{-1}C] \tag{9.6}$$

で定義する. このとき, $[\gamma]_*$ は $\widetilde{X}$ からそれ自身の上への同相写像になる. また $[\gamma]_*$ はリーマン面 $\widetilde{X}$ の写像として正則でもある. ここで, リーマン面 X からもう 1 つのリーマン面 Y への写像 F が正則であるとは, 両方のリーマン面の局所座標で考えて正則なときをいう. すなわち, 任意の点 $p \in X$ と $q = F(p) \in Y$ において, リーマン面の定義から局所近傍 $U_p \subset X$, $V_q \subset Y$ と局所座標 $\varphi_p \colon U_p \to \mathbb{C}$, $\psi_q \colon V_q \to \mathbb{C}$ が存在するが, このとき,

$$\psi_q \circ F \circ \varphi_p^{-1} \colon \varphi_p(U_p) \to \psi_q(V_q)$$

が通常の意味で正則なとき, F は X から Y への写像として正則であるという.

例題 9.4 (9.6) で定義される写像 $[\gamma]_* \colon \widetilde{X} \to \widetilde{X}$ は正則であることを示せ.

[解答] 例題 9.3 の記号を用いる. 任意の $[p, C] \in \widetilde{X}$ に対して, $\widetilde{U}_{\tilde{p}}, \widetilde{\varphi}_{\tilde{p}}$ をそれぞれ局所近傍, 局所座標とすれば, 任意の $\tilde{q} = [q, C_q] \in \widetilde{U}_{\tilde{p}}$ に対して

$$\widetilde{\varphi}_{\tilde{p}}(\tilde{q}) = \varphi_p(q)$$

であった. 同様に $\tilde{p}_\gamma := [\gamma]_*(\tilde{p}) = [p, \gamma^{-1}C]$ に対しても, その局所座標 $\widetilde{\varphi}_{\tilde{p}_\gamma}$ は

$$\widetilde{\varphi}_{\tilde{p}_\gamma}([\gamma]_*(\tilde{q})) = \varphi_p(q)$$

となる. よって, $z \in \widetilde{\varphi}_{\tilde{p}}(\widetilde{U}_{\tilde{p}})$ に対し

$$\widetilde{\varphi}_{\tilde{p}_\gamma} \circ [\gamma]_* \circ \widetilde{\varphi}_{\tilde{p}}^{-1}(z) = z$$

が得られる. すなわち, $[\gamma]_* \colon \widetilde{X} \to \widetilde{X}$ は正則である. (終)

$\mathrm{Aut}(\widetilde{X})$ で $\widetilde{X}$ からそれ自身の全単射正則写像全体を表すものとする. $\mathrm{Aut}(\widetilde{X})$ は写像の合成について群をなす. $[\gamma] \in \pi_1(\widetilde{X}, p_0)$ に対し, $[\gamma^{-1}]_* = [\gamma]_*^{-1}$ であるから, $[\gamma]_* \in \mathrm{Aut}(\widetilde{X})$ である.

写像 $\iota \colon \pi_1(\widetilde{X}, p_0) \to \mathrm{Aut}(\widetilde{X})$ を, $\iota([\gamma]) = [\gamma]_*$ と定義する. ι は群同型である. $\Gamma_X := \iota(\pi_1(\widetilde{X}, p_0))$ とおけば, Γ_X は $\mathrm{Aut}(\widetilde{X})$ の部分群で $\pi_1(\widetilde{X}, p_0)$ と同型である.

$\tilde{p} \in \widetilde{X}$ に対し，$U_{\tilde{p}}$ を十分小さな近傍とすれば，(9.6) より，非自明な $[\gamma] \in \pi_1(X, p_0)$ に対して，

$$[\gamma]_*(U_{\tilde{p}}) \cap U_{\tilde{p}} = \phi \tag{9.7}$$

であることがわかる．したがって，$\pi_1(\widetilde{X}, p_0)$ が無限群であれば普遍被覆面 $\widetilde{X}$ はコンパクトではない．

$\widetilde{X}$ にこの Γ_X の作用による同値関係 $\sim_{\Gamma_X}$ を次のように定義する．2 点 $\widetilde{p}_1$，$\widetilde{p}_2 \in \widetilde{X}$ が Γ_X-同値とは——これを $\widetilde{p}_1 \sim_{\Gamma_X} \widetilde{p}_2$ と書くが——ある $g \in \Gamma_X$ が存在して，$g(\widetilde{p}_1) = \widetilde{p}_2$ となるときをいう．

$$\widetilde{p}_j = [p_j, C_j] \quad (j = 1, 2), \quad g = \iota([\gamma]) \quad ([\gamma] \in \pi_1(X, p_0))$$

とすると，

$$g(\widetilde{p}_1) = [p_1, \gamma^{-1}C_1] = \widetilde{p}_2 = [p_2, C_2]$$

であるから，$\widetilde{p}_1 \sim_{\Gamma_X} \widetilde{p}_2$ ならば $p_1 = p_2$ となる．この逆も正しい．

例題 9.5　$\widetilde{p}_j = [p, C_j]$ $(j = 1, 2)$ ならば $\widetilde{p}_1 \sim_{\Gamma_X} \widetilde{p}_2$ であることを示せ．

[解答]　$\gamma = C_1 C_2^{-1}$, $g = \iota([\gamma]_*)$ とおけば，定義より

$$g(\widetilde{p}_1) = [p, C_2 C_1^{-1} C_1] = [p, C_2] = \widetilde{p}_2$$

となる．（終）

$\widetilde{X}/\Gamma_X$ で Γ_X-同値類全体を表すことにすれば，これまでの議論から次のことが得られる．

系 9.1　$\widetilde{X}/\Gamma_X = X$.

9.4　一意化定理と双曲性

ここで次の定理を証明なしに認める．証明は巻末の文献 [8] を参考にしてほしい．

定理 9.5（一意化定理）　単連結リーマン面はリーマン球面 $\widehat{\mathbb{C}}$，複素平面 $\mathbb{C}$，または上半平面 $\mathbb{H}$ のいずれかと等角同値になる．

したがって，コンパクトリーマン面 X に対し，その普遍被覆面 $\widetilde{X}$ は $\widehat{\mathbb{C}}$，$\mathbb{C}$ または $\mathbb{H}$ となる．X の種数が 0 ならば X 自身が単連結なので，$X = \widetilde{X} = \widehat{\mathbb{C}}$ となる．X の種数が 1 ならば $\widetilde{X}$ は $\mathbb{C}$ となる．このことは次章以降に説明することとし，ここでは X の種数が 2 以上の場合を考える．

X を図 9.13 のような種数 $g \geqslant 2$ のコンパクトリーマン面とする．曲線 a, b を基点 $p_0 \in X$ を通る単純閉曲線で図 9.13 のようなものとする．曲線 a, b に沿って X を切り開く．位相的には図 9.14 のような形になる．$g \geqslant 2$ であるから，図 9.14 の最後の図において境界が作る曲線は定値写像にホモトピックではない．基本群の言葉で書けば，

$$[a][b][a]^{-1}[b]^{-1} \neq 1$$

となる．つまり，$[a][b] \neq [b][a]$ であるから，X の基本群 $\pi_1(\widetilde{X}, p_0)$ は非可換となる．

X の基本群 $\pi_1(X, p_0)$ は無限群であるから，前節でみたように $\widetilde{X}$ はコンパクトではない．よって $\widetilde{X} = \mathbb{C}$ または $\mathbb{H}$ である．

$\widetilde{X} = \mathbb{C}$ と仮定する．このとき，前節で与えた Γ_X は $\mathrm{Aut}(\mathbb{C})$ の部分群となる．一方，$\mathrm{Aut}(\mathbb{C})$ の任意の元 f は

$$f(z) = az + b \quad (a, b \in \mathbb{C}, \ a \neq 0)$$

の形である（次章の例題 10.4）．Γ_X の恒等写像以外の元は $\widetilde{X}(= \mathbb{C})$ 内に固定

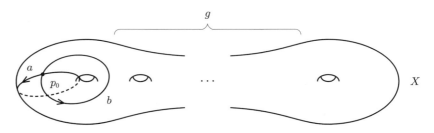

図 9.13　種数 g のコンパクトリーマン面．

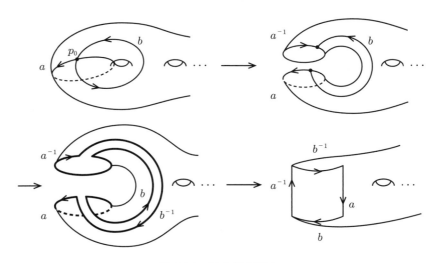

図 9.14　X を切り開く．

点を持たない（次章の例題 10.1）．よって，Γ_X の元は上の f の形で $a = 1$ でなければならない．つまり $z \mapsto z + b$ の形の変換のみからなる．このような変換どうしは明らかに可換であるから，Γ_X は可換になる．しかし上でみたように $\pi_1(X, p_0)$ は非可換であり，これと同型な Γ_X も非可換であり，矛盾を生じる．したがって，$\widetilde{X} \neq \mathbb{C}$ となり，$\widetilde{X} = \mathbb{H}$ と結論される．

Γ_X は $\mathrm{Aut}(\mathbb{H})$ の部分群であった．第 4 章でみたように $\mathrm{Aut}(\mathbb{H})$ は $PSL(2, \mathbb{R})$ と同一視されたから，Γ_X は $PSL(2, \mathbb{R})$ の部分群とみなせる．また，系 9.1 より $\mathbb{H}/\Gamma_X = X$ であった．

写像 $\pi \colon \mathbb{H} \to X$ を $z \in \mathbb{H}$ に対して，対応する $X = \mathbb{H}/\Gamma_X$ 上の点を対応させるものとする．$\widetilde{X} = \mathbb{H}$ がリーマン面となるときの議論を思い出せば，$p = \pi(z) \in X$ の十分小なる単連結近傍 V_p と $z \in \mathbb{H}$ の近傍 U_z が存在して，$\pi(U_z) = V_p$ かつ $\pi|_{U_z} \colon U_z \to V_p$ は単射となる．一方，同値類の定義より，任意の $g \in \Gamma_X$ に対して $\pi \circ g = \pi$ であるから，$U_{g(z)} := g(U_z)$ においても $\pi|_{U_{g(z)}} \colon U_{g(z)} \to V_p$ は単射となる．実際，$(\pi|_{U_z})^{-1} \colon V_p \to U_z \subset \mathbb{C}$ は局所座標である．

このようなリーマン面 X 上に双曲幾何を定めよう．本質的には，X 上の滑らかな曲線 C について，その**双曲的長さ** $\ell_X(C)$ を定めればよい．曲線の長さは曲線分割して求めればよいから，C は上述の近傍 V_p に含まれると仮定してよい．

上でみたように $\pi|_{U_z} \colon U_z \to V_p$ は単射であるから，$\pi(\widetilde{C}) = C$ となる U_z 内の曲線 $\widetilde{C}$ が存在する．

曲線 $\widetilde{C}$ は $\mathbb{H}$ 内の滑らかな曲線であるから，その双曲的長さは定義される．$\ell_X(C)$ を $\widetilde{C}$ の双曲的長さで定義する．すなわち，

$$\ell_X(C) = \int_{\widetilde{C}} \frac{|dz|}{y} \quad (z = x + iy)$$

で定義する．このとき，$\pi(\widetilde{C}) = C$ となる $\mathbb{H}$ 上の曲線 $\widetilde{C}$ は一意的ではない．しかし，$\pi \colon \mathbb{H} \to \mathbb{H}/\Gamma_X$ の定義から，別の曲線 $\widetilde{C}'$ が $\pi(\widetilde{C}') = C$ を満たしたとすれば，ある $g \in \Gamma_X$ が存在して $\widetilde{C}' = g(\widetilde{C})$ となる．g は $PSL(2, \mathbb{R})$ の元であったから，

$$\int_{\widetilde{C}'} \frac{|dz|}{y} = \int_{g(\widetilde{C})} \frac{|dz|}{y} = \int_{\widetilde{C}} \frac{|dz|}{y}$$

となる．すなわち，$\ell_X(C)$ は $\pi(\widetilde{C}) = C$ となる $\widetilde{C}$ の取り方によらず決まり，well-defined である．

以上により，X において双曲的長さが定まり，そこで双曲幾何が展開できることがわかる．これが定理 9.3 の意味である．

ここで，これまでの議論を用いて，第 6 章で言及した次の定理の証明を与えよう．

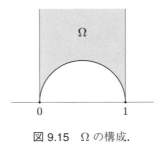

図 9.15 Ω の構成.

定理 6.4（ピカール（Picard）） $z = a$ を正則関数 f の真性特異点とする.
このとき，高々 1 つの複素数 α を除き，$z = a$ の任意の近傍で，方程式

$$f(z) = \alpha$$

は常に根を持つ.

結論を否定する. ある $\alpha, \beta \in \mathbb{C}(\alpha \neq \beta)$ と，$z = a$ のある近傍 U が存在
して，方程式 $f(z) = \alpha, f(z) = \beta$ の $U^* := U \setminus \{a\}$ 内での根が高々有限個で
あったとする. 近傍 U を縮めて，U^* 内には根がないと仮定してよい. さらに，
$h(z) = \frac{z - \alpha}{z - \beta}$ とおいて，f の代わりに $h \circ f$ を考えることによって，はじめから
$\alpha = 0, \beta = 1$ としてよい. また，$a = 0, U = \{|z| < 1\}$ と仮定しても一般性を
失わない. つまり，f は $U^* = \{0 < |z| < 1\}$ で正則で，$z = 0$ で真性特異点を
持ち，$f(U^*) \not\ni 0, 1$ とする.

ここで Ω として図 9.15 のような領域を考える. Ω は単連結であるから，$\hat{\mathbb{C}}$,
$\mathbb{C}, \mathbb{H}$ のいずれかと等角同値になる（定理 9.5）. Ω は開集合であるから，$\hat{\mathbb{C}}$ と
は等角同値にならない. またリウヴィルの定理（定理 3.7）の簡単な応用から，
Ω は $\mathbb{C}$ とも等角同値にならないことがわかる. したがって，Ω から上半平面 $\mathbb{H}$
の上への等角写像 $\varphi : \Omega \to \mathbb{H}$ が存在する.

ここで，単純閉曲線で囲まれた領域の等角写像に関する次の**カラテオドリ**
（**Carathéodory**）の定理を使う.

定理 9.6 $D \subset \mathbb{C}$ を境界 ∂D が単純閉曲線であるような単連結領域とする.
このとき，D から $\mathbb{H}(\subset \hat{\mathbb{C}})$ の上への等角写像は $\bar{D} = D \cup \partial D$ から $\hat{\mathbb{C}}$ の中へ
の同相写像として ∂D まで連続拡張を持つ.

この定理から，φ は $\Omega \cup \partial \Omega \cup \{\infty\}$ から $\mathbb{H} \cup \mathbb{R} \cup \{\infty\}$ への同相写像になる.
必要ならば $PSL(2, \mathbb{R})$ を作用させて，$\varphi(0) = 0, \varphi(1) = 1, \varphi(\infty) = \infty$ と仮定
してよい. すると，φ による $\partial \Omega$ と $\partial \mathbb{H}$ の対応は図 9.16 のようになる.

したがって，φ は鏡像の原理（定理 8.5）の仮定を満たしている. よって φ は
$\Omega \cup \bigcup_{j=1}^{3} J_{L_j}(\Omega)$ 上の正則関数に拡張される. $\Omega \cup \bigcup_{j=1}^{3} J_{L_j}(\Omega)$ も直線と円弧
で囲まれており，その像も実軸に含まれているから，再び鏡像の原理を適用する

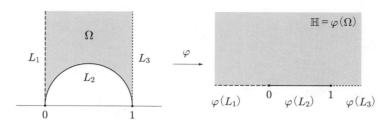

図 9.16 等角写像の境界対応.

ことができる．このような操作を繰り返すことにより，φ は $\mathbb{H}$ 全体の正則関数となり，$\varphi(\mathbb{H}) = \mathbb{C} \setminus \{0, 1\}$ がわかる．実際には $\varphi : \mathbb{H} \to \mathbb{C} \setminus \{0, 1\}$ は $\mathbb{C} \setminus \{0, 1\}$ の普遍被覆を与えている．この φ と $\psi : \mathbb{H} \to U^*$, $\psi(z) = e^{2\pi i z}$ を用いて定理を証明する．

$0 < \varepsilon < 1$ に対し，$C_\varepsilon = \{|z| = \varepsilon\}$ とおき，$\gamma_\varepsilon := f(C_\varepsilon)$ を考える．γ_ε は $\mathbb{C} \setminus \{0, 1\}$ 内の閉曲線となるが，次の 2 つの可能性がある．

(a) γ_ε が $\mathbb{C} \setminus \{0, 1\}$ の自明な曲線となる．

(b) γ_ε が $\mathbb{C} \setminus \{0, 1\}$ の非自明な曲線となる．

2 つの ε, $\varepsilon' > 0$ に対し，γ_ε と $\gamma_{\varepsilon'}$ は $\mathbb{C} \setminus \{0, 1\}$ でホモトピックになる．したがって，ある $\varepsilon_0 > 0$ で (a) が起きれば，任意の $\varepsilon > 0$ に対して (a) が成り立つ．このことから，φ^{-1} の分枝を適当にとれば，$\varphi^{-1} \circ f$ は U^* で一価に定まる．よって $\varphi^{-1} \circ f$ は U^* 上で正則かつ，$\mathbb{H}$ に値を取る関数である．このとき，$g(z) := (\varphi^{-1} \circ f(z) + i)^{-1}$ は U^* で有界となる．よって定理 6.1 から，$z = 0$ は g の除去可能な特異点となり，g は U で正則となる．これは f が $z = 0$ で真性特異点を持つことに反する．

次に (b) の場合を考える．このとき，$F := \varphi^{-1} \circ f \circ \psi$ は $\mathbb{H}$ から $\mathbb{H}$ への正則関数を定める．$I_\varepsilon := \{w = u + iv \mid 0 \leqslant u \leqslant 1, \, v = -\log \varepsilon\}$ とおくと，$\psi(I_\varepsilon) = C_\varepsilon$ である．I_ε の $\mathbb{H}$ での双曲的長さを $\ell_\mathbb{H}(I_\varepsilon)$ とすると，

$$\ell_\mathbb{H}(I_\varepsilon) = \int_{I_\varepsilon} \rho_\mathbb{H}(w)|dw| = \int_0^1 (-\log \varepsilon)^{-1} du$$
$$= -\frac{1}{\log \varepsilon} \to 0 \quad (\varepsilon \to 0)$$

となる．ここで正則関数の**短縮原理** (8.40) を用いると，

$$\ell_\mathbb{H}(F(I_\varepsilon)) \leqslant \ell_\mathbb{H}(I_\varepsilon)$$

を得る．よって $\varepsilon \to 0$ のとき，$\ell_\mathbb{H}(F(I_\varepsilon)) \to 0$ となる．

一方，$\varphi(F(I_\varepsilon)) = f(\psi(I_\varepsilon)) = f(C_\varepsilon)$ より，$\ell_\mathbb{H}(F(I_\varepsilon))$ は $\mathbb{C} \setminus \{0, 1\}$ の双曲計量についての $f(C_\varepsilon)$ の長さとなる．ここで，$\hat{\mathbb{C}}$ での $0, 1, \infty$ の近傍 U_0, U_1, U_∞ を十分小に取り，互いに交わらないようにする．このとき，ある $\delta > 0$ が存在して，$\hat{\mathbb{C}} \setminus (U_0 \cup U_1 \cup U_\infty)$ 内の任意の非自明な閉曲線の双曲的長さは δ 以

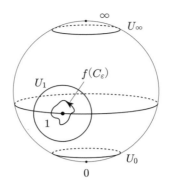

図 9.17　短い曲線の位置.

上となることがわかる．よって，$\varepsilon > 0$ を十分小にとって，$\ell_{\mathbb{H}}(F(I_\varepsilon)) < \delta$，かつ，$\ell_{\mathbb{H}}(F(I_\varepsilon))$ が $\partial U_0, \partial U_1, \partial U_\infty$ の間の双曲的距離より小さくなるように取れば，仮定により $f(C_\varepsilon)$ は非自明な閉曲線であったから，$f(C_\varepsilon)$ は U_0, U_1, U_∞ のいずれかひとつに含まれてしまう（図 9.17 参照）．

　$0 < \varepsilon < \varepsilon_0$ に対して $f(C_\varepsilon) \subset U_0$ とすると，

$$f\left(\bigcup_{0 < \varepsilon < \varepsilon_0} C_\varepsilon\right) = f(\{0 < |z| < \varepsilon_0\}) \subset U_0$$

となる．これは f が $z = 0$ の近傍で有界ということを意味しているから，$z = 0$ が f の真性特異点であることに矛盾する．$f(C_\varepsilon) \subset U_1$，$f(C_\varepsilon) \subset U_\infty$ の場合も同様に矛盾を得る．

　以上によって，定理 6.4 が示された．　　　　　　　　　　　　　　　　□

第 10 章

リーマン面の表現と構造

10.1 被覆変換群

前章では，与えられたリーマン面 X からその普遍被覆面 $\widetilde{X}$ を構成し，さらに $\mathrm{Aut}(\widetilde{X})$ の部分群 Γ で，X の基本群 $\pi_1(X, p_0)$ $(p_0 \in X)$ と同型であり，Γ の $\widetilde{X}$ による作用の商空間 $\widetilde{X}/\Gamma$ が X と同一視できるものを作った．この Γ を X の**被覆変換群**（cover transformation group）という．

$\pi_1(X, p_0)$ と Γ の対応を思い出せば．恒等写像以外の $\gamma \in \Gamma$ は $\widetilde{X}$ に固定点を持たないことがわかる．

例題 10.1 このことを示せ，

[解答] Γ の元の構成は以下のようなものであった．

まず，X 上に点 $p_0 \in X$ を取り，それを基点とする X の基本群 $\pi_1(X, p_0)$ の元 $[\gamma]$ に対し，$[\gamma]_* : \widetilde{X} \to \widetilde{X}$ を $\widetilde{p} = [p, C] \in \widetilde{X}$ に対して，

$$[\gamma]_*(\widetilde{p}) = [p, C\gamma^{-1}] \tag{10.1}$$

と定義し，$\Gamma = \bigcup_{[\gamma] \in \pi_1(X, p_0)} [\gamma]_*$ と定めた．したがって，もし恒等写像以外の $[\gamma]_* \in \Gamma$ が $\widetilde{X}$ に固定点 $[p, C]$ を持てば，$[\gamma]_*([p, C]) = [p, C]$ となるが，これは (10.1) より，$C\gamma^{-1}$ と C がホモトピックであることを意味する．このことから γ が自明な閉曲線となることがわかり，$[\gamma]_*$ が恒等写像でないことに反する．

(終)

さらに，Γ は $\widetilde{X}$ に**真性不連続**（properly discontinuous）に作用する．つまり，$\widetilde{X}$ の各点 $\widetilde{p}$ のある近傍 $\widetilde{U}_{\widetilde{p}}$ が存在して，$[\gamma]_*(\widetilde{U}_{\widetilde{p}}) \cap \widetilde{U}_{\widetilde{p}} \neq \phi$ であるような $[\gamma]_* \in \Gamma$ の元は有限個しかない．これは，まず $\widetilde{p} = [p, C]$ に対し，その近傍 U_p を p 中心の局所円板ととり，各 $q \in U_p$ に対し，r_q を p と q とを U_p 内で結ぶ線分とする．ここで $\widetilde{U}_{\widetilde{p}} = \bigcup_{q \in U_p} [q, r_q C]$ とおけば，$\widetilde{U}_{\widetilde{p}}$ が求める近傍になっていることがわかる．

以上の 2 つの事実を定理としてまとめておく.

> **定理 10.1** リーマン面 X の被覆変換群 Γ は，X の普遍被覆面 $\widetilde{X}$ に真性不連続に作用する．また，Γ の恒等写像でない元は $\widetilde{X}$ に固定点を持たない.

特に X が種数 2 以上のコンパクトリーマン面のとき，前章で示したように，$\widetilde{X}$ は上半平面 $\mathbb{H}$ とみなせ，Γ は $\mathrm{Aut}(\mathbb{H})$ の部分群になる．一方，第 4 章で見たように，$\mathrm{Aut}(\mathbb{H})$ は $PSL(2,\mathbb{R}) = SL(2,\mathbb{R})/\{\pm I\}$ と同一視された．したがって，Γ は $PSL(2,\mathbb{R})$ の部分群で，$\mathbb{H}$ に真性不連続に作用するものということである．このように，$PSL(2,\mathbb{R})$ の部分群で $\mathbb{H}$ に真性不連続に作用するものを**フックス群**（Fuchs 群，Fuchsian group）という．すなわち X が種数 2 以上のコンパクトリーマン面ならば，X はあるフックス群を用いて，$\mathbb{H}/\Gamma$ と表されることが示されたわけである．

10.2 トーラスの表現

前章では，種数が 2 以上のコンパクトリーマン面の普遍被覆面が $\mathbb{H}$ になることを示した．ここでは，種数 1 のコンパクトリーマン面，すなわちトーラスの場合を考え，この普遍被覆面が $\mathbb{C}$ になることを示す．

T を種数 1 のコンパクトリーマン面とする．点 p_0 を T 上にとって固定し，閉曲線 a, b を図 10.1 のようにとる．さらに，T を a, b に沿って切り開くと，図 10.2 のようになる．

このことから，p_0 を通る閉曲線 $aba^{-1}b^{-1}$ は自明な閉曲線 $\{p_0\}$ にホモトピックであることがわかる．基本群の言葉で書けば，

$$[a][b][a]^{-1}[b]^{-1} = 1$$

となる．つまり，$[a]$ と $[b]$ は可換である．

前章で見たように，$\widetilde{T}$ を T の普遍被覆面とすると，$\widetilde{T}$ は $\widehat{\mathbb{C}}, \mathbb{C}$ または $\mathbb{H}$ のいずれかになる．$\widetilde{T}$ が $\widehat{\mathbb{C}}$ となるのは $\widehat{\mathbb{C}}$ のときに限るから，$\widetilde{T} = \mathbb{C}$ または $\mathbb{H}$ とな

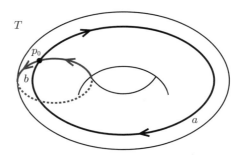

図 10.1 トーラスの基本群.

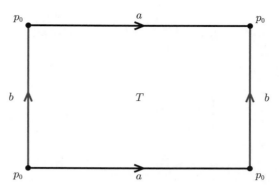

図 10.2 T を切り開く.

る. $\widetilde{T} = \mathbb{H}$ と仮定して矛盾を導く.

$\widetilde{T} = \mathbb{H}$ ならば, $PSL(2,\mathbb{R})$ $(= \mathrm{Aut}(\mathbb{H}))$ の部分群 Γ で以下の条件を満たすものが存在した.

(i) Γ は $\pi_1(T, p_0)$ と同型である.

(ii) $\mathbb{H}/\Gamma = T$.

条件 (i) から, ある群同型 $\iota : \pi_1(T, p_0) \to \Gamma$ が存在するが, $\alpha = \iota([a])$, $\beta = \iota([b])$ とおく. このとき, α, β は $PSL(2,\mathbb{R})$ の元として可換になる. また, 行列 A, B を $\theta(A) = \alpha$, $\theta(B) = \beta$ となる $SL(2,\mathbb{R})$ の元とする. ここで $\theta : SL(2,\mathbb{R}) \to PSL(2,\mathbb{R}) = SL(2,\mathbb{R})/\{\pm I\}$ は自然な商写像である.

α, β は可換であるから,

$$AB = \pm BA \tag{10.2}$$

である.

Γ の元は id を除き固定点を持たない. これは, 前節の定理 10.1 で示したことである. したがって, α, β は楕円型にはならない. Γ を考える際に, 共役をとってもよいから, A は行列として,

$$A = \begin{pmatrix} k & 0 \\ 0 & k^{-1} \end{pmatrix} \text{ または } \pm \begin{pmatrix} 1 & l \\ 0 & 1 \end{pmatrix} \quad \begin{pmatrix} k, l \in \mathbb{R} \backslash \{0\}; \\ k \neq \pm 1 \end{pmatrix} \tag{10.3}$$

の形であると仮定してよい.

例題 10.2 $SL(2,\mathbb{R})$ の元 A が (10.3) の形をしているとき, (10.2) をみたす $SL(2,\mathbb{R})$ の元 B も A と同じ形で表されることを示せ.

[解答] $B = \begin{pmatrix} a & b \\ c & d \end{pmatrix} (a, b, c, d \in \mathbb{R}; ad - bc = 1)$ とおく. $A = \begin{pmatrix} k & 0 \\ 0 & k^{-1} \end{pmatrix}$ ならば,

$$AB = \begin{pmatrix} k & 0 \\ 0 & k^{-1} \end{pmatrix} \begin{pmatrix} a & b \\ c & d \end{pmatrix} = \begin{pmatrix} ka & kb \\ k^{-1}c & k^{-1}d \end{pmatrix},$$

$$BA = \begin{pmatrix} a & b \\ c & d \end{pmatrix} \begin{pmatrix} k & 0 \\ 0 & k^{-1} \end{pmatrix} = \begin{pmatrix} ka & k^{-1}b \\ kc & k^{-1}d \end{pmatrix}$$

となる．ここで (10.2) より

$$\begin{cases} ka = \pm ka, \quad kb = \pm k^{-1}b, \\ k^{-1}c = \pm kc, \quad k^{-1}d = \pm k^{-1}d \end{cases} \quad \text{（複合同順）} \tag{10.4}$$

を得る．(10.4) で符号が + の場合，$k \neq \pm 1$ より $b = c = 0$, $d = a^{-1}$ となることがわかる．一方，$-$ の場合は $a = d = 0$ がわかる．さらに，$kb = -k^{-1}b$ より，$b \neq 0$ ならば $k^2 = -1$ となるが，$k \in \mathbb{R}$ であったのでこれは不適．したがって符号は + で $d = a^{-1}$ となる．

よって

$$B = \begin{pmatrix} a & 0 \\ 0 & a^{-1} \end{pmatrix}$$

となり，A と同じ形である．

次に $A = \begin{pmatrix} 1 & l \\ 0 & 1 \end{pmatrix}$ の場合を考える．このとき，

$$AB = \begin{pmatrix} 1 & l \\ 0 & 1 \end{pmatrix} \begin{pmatrix} a & b \\ c & d \end{pmatrix} = \begin{pmatrix} a+cl & b+dl \\ c & d \end{pmatrix},$$

$$BA = \begin{pmatrix} a & b \\ c & d \end{pmatrix} \begin{pmatrix} 1 & l \\ 0 & 1 \end{pmatrix} = \begin{pmatrix} a & al+b \\ c & cl+d \end{pmatrix}$$

となる．よって (10.2) から，

$$\begin{cases} a + cl = \pm a, \quad b + dl = \pm(al+b), \\ c = \pm c, \quad d = \pm(cl+d) \end{cases} \quad \text{（複号同順）} \tag{10.5}$$

が得られる．(10.5) で + の符号のとき，$a + cl = a$ と $l \neq 0$ より $c = 0$. $b + dl = al + b$ より $a = d$ となり，$\det B = 1$ であるから，

$$B = \pm \begin{pmatrix} 1 & b \\ 0 & 1 \end{pmatrix}$$

の形になる．(10.5) で符号が $-$ ならば，$c = -c$ より $c = 0$. $a + cl = -a$ から，$a = -a$ となり $a = 0$. これは $B \in SL(2, \mathbb{R})$ に反する．したがって $A = \begin{pmatrix} 1 & l \\ 0 & 1 \end{pmatrix}$ のとき，B は A と同じ形である．

$A = -\begin{pmatrix} 1 & l \\ 0 & 1 \end{pmatrix}$ のときも同様の計算で示すことができる．（終）

この例題の結果より，$\alpha = \theta(A)$, $\beta = \theta(B)$ は $PSL(2, \mathbb{R})$ の共役を考えることによって，

    I. $\alpha(z) = k_1 z$, $\beta(z) = k_2 z$ $(0 < k_1, k_2 < \infty; k_1, k_2 \neq 1)$

であるか

II. $\alpha(z) = z + c_1, \ \beta(z) = z + c_2 \ (c_1, c_2 \in \mathbb{R}; c_1, c_2 \neq 0)$

のいずれかになる．一方，定理 10.1 を再び用いれば，α, β で生成される群 Γ は $\mathbb{H}$ に真性不連続に作用している．

例題 10.3 I または II の α, β で Γ が生成され，かつ Γ が $\mathbb{H}$ に真性不連続に作用するとき，ある整数 m, n が存在して $\alpha^m = \beta^n$ と書けることを示せ．

[**解答**] I と II のどちらも同様の議論で示されるので，II のみを示す．

$$\alpha(z) = z + c_1, \quad \beta(z) = z + c_2 \quad (c_1, c_2 \in \mathbb{R} \backslash \{0\})$$

であるが，$PSL(2, \mathbb{R})$ での共役を考えて，

$$0 < c_1 = 1 < c_2$$

と仮定しても一般性を失わない．

ここで，もし c_2 が有理数であれば，ある自然数 m, n を用いて，$c_2 = m/n$ と書ける．すると，

$$\alpha^m(z) = z + m, \quad \beta^n(z) = z + m$$

となるから．$\alpha^m = \beta^n$ を得る．

c_2 が無理数であれば，任意の自然数 n に対して，nc_2 は整数ではない．したがって，その小数部分を a_n とおけば，$0 < a_n < 1 \ (n = 1, 2, \cdots)$ である．また，n_1, n_2 を異なる自然数とすれば，$a_{n_1} \neq a_{n_2}$ である．実際，もし $a_{n_1} = a_{n_2}$ ならば，$n_1 c_1 - n_2 c_2 = (n_1 - n_2) c_2$ は小数部分を持たず整数となる．一方，$n_1 - n_2 \neq 0$ であったから，c_2 は有理数となり矛盾を生じる．

以上によって $\{a_n\}_{n \in \mathbb{N}}$ は区間 $(0, 1)$ の無限列となり，したがって収束する部分列を持つ（ボルツァノ–ワイエルシュトラスの定理）．$\{a_{n_k}\}_{k \in \mathbb{N}}$ を収束する部分列とし，$a = \lim_{k \to \infty} a_{n_k}$ とする．a_n の定義から，

$$n_k c_2 = m_k + a_{n_k} \tag{10.6}$$

と書ける．ここで m_k は整数である．よって，(10.6) より

$$\alpha^{-m_k} \circ \beta^{n_k}(z) = z + a_{n_k}.$$

したがって，

$$\lim_{k \to \infty} \alpha^{-m_k} \circ \beta^{n_k}(z) = z + a$$

となる．これは Γ が真性不連続に作用しているという仮定に反する．（終）

ここに至って $\widetilde{T} = \mathbb{H}$ と仮定して矛盾となった．なぜなら，元々 α, β は図 10.1，

10.2 で考えた 2 つの閉曲線 a, b で定まったもので, 明らかに a^m と b^n がホモトピックになるような整数 m, n は存在しない. したがって α と β にもこのような関係はない. よって矛盾である. これより, $\widetilde{T} = \mathbb{C}$ であることがわかった.

10.3　トーラスの被覆変換群

次に T の被覆変換群 Γ を考える. Γ は $\mathrm{Aut}(\mathbb{C})$ の部分群であるが, 次のことを確認しよう.

例題 10.4　$\mathrm{Aut}(\mathbb{C}) = \{az + b \mid a, b \in \mathbb{C}; a \neq 0\}$ であることを示せ.

[解答]　上の右辺の集合を G とする. 明らかに $G \subset \mathrm{Aut}(\mathbb{C})$ である. 逆向きの包含関係を示す.

$g \in \mathrm{Aut}(\mathbb{C})$ を任意にとり,

$$f = g - g(0)$$

とおく. $f \in \mathrm{Aut}(\mathbb{C})$ であり, $f(0) = 0$. また, $m = \min\{|f(z)| \mid |z| = 1\}$ とおく. f は等角写像であるから, 特に同相写像である. このことから単位円板 Δ の像 $f(\Delta)$ は原点 $\mathrm{O}\ (= f(\mathrm{O}))$ を含む単連結領域となる. よって, 原点を中心とした半径 m の円板 $\Delta(1; m)$ は $f(\Delta)$ に含まれる (図 10.3).

したがって $|z| > 1$ ならば $|f(z)| > m$ である. ここで $0 < |w| < 1$ に対して,

$$F(w) = \frac{1}{f\left(\frac{1}{w}\right)}$$

とおく. F は $0 < |w| < 1$ で正則である. また,

$$|F(w)| = \frac{1}{\left|f\left(\frac{1}{w}\right)\right|} < \frac{1}{m}$$

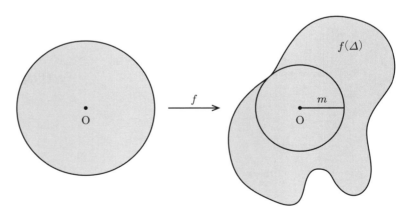

図 10.3　$\Delta(1; m) \subset f(\Delta)$.

である．つまり，F は孤立特異点 $w = 0$ の近傍で有界である．したがって $w = 0$ は F の除去可能な特異点となり，F は $|w| < 1$ で正則となる（定理 6.1）．これは元の f では，f が ∞ でも正則であることを意味している．また $f(\mathbb{C}) = \mathbb{C}$ であったから，$f(\infty) = \infty$ となり，$f \in \mathrm{Aut}(\mathbb{C})$ となる．$\mathrm{Aut}(\widehat{\mathbb{C}})$ の元は $\mathrm{M\ddot{o}b}(\mathbb{C})$，すなわち一次分数変換であったから，このような写像で $f(\infty) = \infty$ となるから，$f(z) = az + b \ (a, b \in \mathbb{C}; a \neq 0)$ の形である．よって $f \in G$．$g = f + g(0)$ であったから，やはり $g \in G$ である．（終）

トーラス T の被覆変換群 Γ に対して，$\Gamma \subset \mathrm{Aut}(\mathbb{C})$ であるから，例題 10.4 より Γ の元 g は

$$g(z) = az + b \quad (a, b \in \mathbb{C}; a \neq 0)$$

の形をしている．ここで再び定理 10.1 を用いると，g は $\mathbb{C}(= \widetilde{T})$ に固定点を持たない．したがって $a = 1$ でなければならない．また，Γ は T の基本群と同型であったから，図 10.1，10.2 で考えた a, b から定まる α, β を生成元とする rank 2 の自由群である．この生成元を考える．$\mathrm{Aut}(\mathbb{C})$ による共役を考えて，

$$\alpha(z) = z + 1$$

としてよい．β もある $\tau \in \mathbb{C} \backslash \{0\}$ を用いて，

$$\beta(z) = z + \tau$$

と書ける．ここで $\tau \in \mathbb{R}$ ならば例題 10.3 の解答の議論を用いて矛盾を得る．したがって，$\tau \in \mathbb{C} \backslash \mathbb{R}$ である．必要ならば β^{-1} を考えて $\tau \in \mathbb{H}$ と仮定してよい．

また逆に，$\tau \in \mathbb{H}$ に対して

$$\beta(z) = z + \tau$$

として，$\alpha(z) = z + 1$ と $\beta(z)$ で生成される $\mathrm{Aut}(\mathbb{C})$ の部分群を Γ とすると，Γ による $\mathbb{C}$ の商空間 $\mathbb{C}/\Gamma$ はトーラスとなる（図 10.4）．図 10.4 は位相的なものなので，実際にこれがリーマン面の定義を満たすことを示す必要があるが，それは比較的やさしいので割愛する．

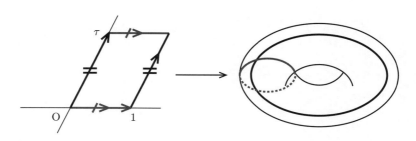

図 10.4　トーラスの構成．

以上の議論から次の主張が得られたことになる.

定理 10.2 X を種数 1 のコンパクトリーマン面（トーラス）とする. このとき, ある $\tau \in \mathbb{H}$ が存在して, X は $z \mapsto z+1$, $z \mapsto z+\tau$ によって生成される群 Γ を用いて, $X = \mathbb{C}/\Gamma$ と表される.

注意 10.1 定理 10.2 で X を決める $\tau \in \mathbb{H}$ は一意的ではない. 実際, これは図 10.1, 10.2 の閉曲線 a, b の取り方, すなわち rank 2 の自由群 Γ の生成元の選び方に依存する. 詳しく言えば, τ を $PSL(2, \mathbb{Z})$ $(= SL(2, \mathbb{Z})/\{\pm I\})$ の元で写しても同じ X が得られ, かつそのときに限ることが知られている.

トーラスについての議論をまとめると, 次のようになる.

1) トーラスとその基本群の生成元 a, b から $\tau \in \mathbb{H}$ が得られる.

2) 逆に $\tau \in \mathbb{H}$ から $z \mapsto z+1$, $z \mapsto z+\tau$ という変換で生成される群からトーラスと基本群の生成元 a, b が定まる.

3) 基本群の生成元は忘れて, トーラスのリーマン面としての複素構造全体は $\mathbb{H}/PSL(2, \mathbb{Z})$ である.

第 11 章
フックス群とリーマン面

11.1　フックス群によるリーマン面の表現

　前章では，トーラスの普遍被覆面が $\mathbb{C}$ になることと，ある $\tau \in \mathbb{H}$ を用いて $z \mapsto z+1$, $z \mapsto z+\tau$ の 2 つの変換によって生成される群による $\mathbb{C}$ の商空間として実現されることを見た（定理 10.2）．一般のリーマン面 X については次のことが言える．

> **補題 11.1**　リーマン面 X のある点 $p_0 \in X$ を基点とする基本群 $\pi_1(X; p_0)$ が非可換ならば，X の普遍被覆面 $\widetilde{X}$ は上半平面 $\mathbb{H}$ とみなせる．したがって X はあるフックス群 $\Gamma_X \subset PSL(2, \mathbb{R})$ を用いて $\mathbb{H}/\Gamma_X$ と表現される．

[証明]　X の被覆変換群 Γ_X は $\pi_1(X; p_0)$ と同型であった．もし，$\widetilde{X}$ が $\mathbb{C}$ ならば，Γ_X の元は $z \mapsto z+c$ の形となる（id 以外の Γ_X の元は $\widetilde{X}$ 内に固定点を持たないゆえ）．これらの形の元は可換であるから仮定に反す．よって，$\widetilde{X}$ は $\mathbb{H}$ となる．$\operatorname{Aut}(\mathbb{H}) = PSL(2, \mathbb{C})$ であったから，Γ_X はフックス群である．　□

　普遍被覆面 $\widetilde{X}$ が $\mathbb{H}$ となるリーマン面 X を**双曲的リーマン面**（hyperbolic Riemann surface）とよぶ．上の補題から基本群が非可換なリーマン面は双曲的であることがわかったことになる．次に基本群が非自明な可換群になる場合が問題になるが，このようなリーマン面はトーラス以外では，等角同値性を除いては $\{r < |z| < R\}$ の領域になる．ただし $0 \leqslant r < R \leqslant +\infty$ である．実際には，$r = 0$, $R = +\infty$ の場合，すなわち $X = \mathbb{C} \backslash \{0\}$ の場合のみ $\widetilde{X} = \mathbb{C}$ となり，それ以外はすべて双曲型となる．このことは比較的容易に示されるが，ここでは紙面の都合上これを認めて進む．すると次のことがわかったことになる．

> **定理 11.1**　リーマン面 X が $\widehat{\mathbb{C}}$, $\mathbb{C}$, $\mathbb{C} \backslash \{0\}$，トーラスのいずれでもないとき，かつそのときに限り X は双曲的である．したがって，あるフックス群 Γ_X を用いて $\mathbb{H}/\Gamma_X$ と表現される．

このことは，定理にある4つのタイプのリーマン面以外のリーマン面，つまりほとんどのリーマン面は双曲的であることを意味している．したがって，リーマン面の理論における双曲幾何学およびフックス群の役割は重要である．以後，本稿ではリーマン面はすべて双曲的であると仮定する，

　ここでフックス群についての一般的な用語を準備しておく．Γ をフックス群とする．定義より，Γ は $PSL(2, \mathbb{R})$ の部分群で，上半平面 $\mathbb{H}$ に真性不連続に作用している．いま $z_0 \in \mathbb{H}$ を1つ固定し，z_0 の Γ による軌道（orbit）

$$\Gamma(z_0) = \bigcup_{\gamma \in \Gamma} \gamma(z_0)$$

を考える．Γ を無限群とすると，Γ_{z_0} は $\mathbb{H}$ 内に集積点を持たない，

例題 11.1　これを示せ，

[解答]　フックス群 Γ は $\mathbb{H}$ に真性不連続に作用していた．したがってその定義より，ある $r > 0$ が存在して，z_0 中心で双曲半径が ρ の円板 $\Delta(z_0; r)$ の Γ による像で，$\Delta(z_0; r)$ と交わるものは有限個である．

　$\Gamma(z_0)$ が $\mathbb{H}$ 内のある点 z_∞ を集積点として持っていたと仮定すると，Γ の元のある無限列 $\{\gamma_n\}_{n=1}^\infty$ がとれて，$z_n := \gamma_n(z_0)$ が z_∞ に収束する．よって，ある自然数 N が存在して，$n \geq N$ ならば

$$\rho_{\mathbb{H}}(z_n, z_\infty) < r$$

となる．ここに $\rho_{\mathbb{H}}$ は $\mathbb{H}$ の双曲距離である．これより，$n \geq N$ ならば，$\Delta(z_n; r) \ni z_\infty$ であり，したがって，

$$\Delta(z_n; r) \cap \Delta(z_N; r) \neq \phi \quad (n \geq N) \tag{11.1}$$

である．$PSL(2, \mathbb{R})$ の元は双曲距離を変えないから，$\gamma \in \Gamma$ に対し，

$$\gamma(\Delta(z_n; r)) = \gamma(\Delta(\gamma_n(z_0); r)) = \gamma \circ \gamma_n(\Delta(z_0; r))$$

となることがわかる．よって，(11.1) の関係に γ_N^{-1} をほどこして，

$$(\gamma_N^{-1} \circ \gamma_n)(\Delta(z_0; r)) \cap \Delta(z_0; r) \neq \phi \tag{11.2}$$

を得る．これは Γ が $\mathbb{H}$ に真性不連続に作用しているということに矛盾する．（終）

　以後，フックス群 Γ は常に無限群と仮定する．すると，ある点 $z_0 \in \mathbb{H}$ の軌道 $\Gamma(z_0)$ の集積点は空集合ではないが，さらに上記のことからそれは $\mathbb{H}$ 内には現れず，したがって $\mathbb{H}$ の境界 $\partial \mathbb{H} = \widehat{\mathbb{R}} := \mathbb{R} \cup \{\infty\}$ の部分集合となる．この $\Gamma(z_0)$ の集積点全体をフックス群 Γ の**極限集合**（the limit set）といい，Λ_Γ と書く．

　その定義から Λ_Γ は $\widehat{\mathbb{R}}$ の閉部分集合となるが，これは点 $z_0 \in \mathbb{H}$ の取り方に

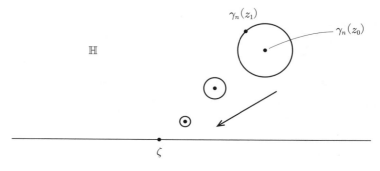

図 11.1　ユークリッド直径の収束.

は依存しない. これをみてみよう.

$z_1 \in \mathbb{H}$ を z_0 とは別の点として, その軌道 $\Gamma(z_1)$ の集積点全体を Λ'_Γ とする. 元の z_0 から作った Λ_Γ の任意の点 ζ を取る. 極限集合の定義から, ある列 $\{\gamma_n\}_{n=1}^\infty \subset \Gamma$ が存在して,

$$\gamma_n(z_0) \to \zeta \quad (n \to \infty)$$

となっている. 一方, $PSL(2, \mathbb{R})$ が双曲距離を変えないことから, 任意の n について,

$$\rho_\mathbb{H}(\gamma_n(z_0), \gamma_n(z_1)) = \rho_\mathbb{H}(z_0, z_1)$$

を得る. $r_0 = \rho_\mathbb{H}(z_0, z)$ とおけば, $\gamma_n(z_1)$ は $\gamma_n(z_0)$ を中心とした半径 r_0 の双曲円 $\partial\Delta(\gamma_n(z_0); r_0)$ 上にあることになる. ここで $\mathbb{H}$ 上の双曲計量が $y^{-1}|dz|$ であることから, $\partial\Delta(\gamma_n(z_0); r_0)$ のユークリッド直径は $n \to \infty$ のとき 0 に収束することがわかる (図 11.1)

これより $\gamma_n(z_0) \to \zeta$ であるから, $\gamma_n(z_1) \to \zeta$ がわかる. したがって $\zeta \in \Lambda'_\Gamma$ であり, $\Lambda_\Gamma \subset \Lambda'_\Gamma$ が結論される. 同様の議論を Λ'_Γ に対して行えば $\Lambda'_\Gamma \subset \Lambda_\Gamma$ がわかる. 以上のことから, $\Lambda_\Gamma = \Lambda'_\Gamma$ となり, 極限集合が $z_0 \in \mathbb{H}$ の取り方には依存しないことが示された.

定義 11.1　Γ をフックス群とする. Γ の極限集合 Λ_Γ が $\widehat{\mathbb{R}}$ となるとき. Γ を**第一種フックス群**（a Fuchsian group of the first kind）, そうでないとき を**第二種フックス群**（a Fuchsian group of the second kind）という.

定理 11.2　X を種数 $g(\geqslant 2)$ のコンパクトリーマン面とする. また Γ_X を X を表すフックス群とする. このとき Γ_X は第一種フックス群である.

[証明]　ζ_0 を $\mathbb{R}$ の任意の点とする. また, $z_0 \in \mathbb{H}$ を取り固定する. 任意の $\varepsilon > 0$ に対し, ζ_0 を中心とした半径 ε の円板 $D(z_0; \varepsilon)$ を考える. ある $\gamma \in \Gamma_X$ で $\gamma(z_0) \in D(z_0; \varepsilon)$ となるものが存在することを示す.

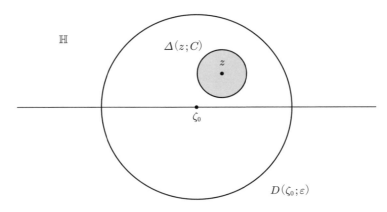

図 11.2 ζ_0 の近傍での収束.

$\mathbb{H}$ は X の普遍被覆面であったから, z_0 に対応する X 上の点 p_0 が存在する. すなわち, $\pi : \mathbb{H} \to X$ を自然な商写像したとき, $\pi(z_0) = p_0$ として p_0 が定まる. X はコンパクトであったから, X の双曲半径は有限である. よって, ある $C > 0$ が存在して, X 上の任意の点 p に対して

$$\rho_X(p, p_0) \leqslant C \tag{11.3}$$

となる. ここで ρ_X は X 上の双曲距離で, $\rho_X(p, p_0)$ は p と p_0 を結ぶ X 上の曲線の双曲的長さの下限として定義する.

ここで図 11.1 での議論を再び使う. $\mathbb{H}$ の双曲計量の形から, $\mathbb{H}$ の点 z が $\zeta_0 \in \mathbb{R}$ に近づけば, z を中心とした半径 C の双曲円板 $\Delta(z; C)$ のユークリッド直径は 0 に近づく (図 11.2). したがって, $z \in \mathbb{H}$ を ζ_0 の十分近くに取れば, 図 11.2 のように $\Delta(z; C) \subset D(z_0; \varepsilon)$ となる. $p \in X$ を z に対応する点とすれば, (11.3) から $\Delta(z; C)$ 内に必ず p_0 に対応する点が存在するはずである. これは, ある $\gamma \in \Gamma_X$ が存在して, $\gamma(z_0) \in \Delta(z; C)$ を意味する. したがって, $\gamma(z_0) \in D(\zeta_0; \varepsilon)$ である. ここで $\varepsilon > 0$ は任意であったから, これより $\Lambda_\Gamma \supset \mathbb{R}$ が分かり, したがて, $\Lambda_\Gamma = \widehat{\mathbb{R}}$ が結論される. すなわち, Γ_X は第一種フックス群である. □

11.2 フックス群の構造

もう少しコンパクトリーマン面を表すフックス群について調べる. $PSL(2, \mathbb{R})$ の元は楕円型, 放物型, 双曲型の3つに分類されることは既に学んだ. $PSL(2, \mathbb{R})$ の元 γ が楕円型ならば, γ は $\mathbb{H}$ 内に固定点を持つ.

例題 11.2 これを示せ,

[解答] $\gamma(z) = \frac{az+b}{cz+d}$ とする. ここで, a, b, c, d は実数で $ad - bc = 1$ である.

γ は楕円型であるから,

$$0 \leqslant |a+d| < 2 \tag{11.4}$$

である. もし ∞ が固定点ならば, $c = 0$ であるから, $1 = ad - bc = ad$ より (11.4) が成り立たないことがわかる. したがって, γ は $\mathbb{C}$ 内に固定点を持つ. γ の固定点は $\gamma(z) = z$ を満たすから,

$$az + b = cz^2 + dz$$

となり, 2 次方程式

$$cz^2 + (d - a)z + b = 0$$

を満たす. しかるに, この方程式の判別式 D は (11.4) より

$$D = (d - a)^2 - 4bc = d^2 - 2ad + a^2 - 4(1 - ad) = (a + d)^2 - 4 < 0$$

となる. これより γ の固定点は 2 つの共役複素数となり, そのうちの一方は $\mathbb{H}$ に含まれる. (終)

コンパクトリーマン面 X を表すフックス群は $\mathbb{H}$ に固定点を持たないから, Γ_X には楕円型の変換は含まれない. よって, 残りの可能性は放物型と双曲型 ということなるが. 実は放物型も排除される. これを示そう.

まず, $\gamma \in PSL(2, \mathbb{R})$ に対して,

$$a(\gamma) = \inf_{z \in \mathbb{H}} \rho_{\mathbb{H}}(z, \gamma(z))$$

とおく. さらに $\gamma_0(z) = z + 1$, $r_1(z) = kz$ $(k \neq 1, \ k > 0)$ とおく.

例題 11.3 $a(\gamma_0) = 0$, $a(\gamma_1) > 0$ を示せ.

[解答] $a(\gamma_0) \geqslant 0$ であるから, $a(\gamma_0) = 0$ を示すためには, ある $\mathbb{H}$ 内の点列 $\{z_n\}_{n=1}^{\infty}$ で

$$\rho_{\mathbb{H}}(z_n, \gamma_0(z_n)) \to 0 \quad (n \to \infty)$$

となるものが存在することを示せばよい.

$z_n = ni$ とおく. すると

$$\gamma_0(z_n) = ni + 1$$

である. ここで図 11.3 のように z_n と $\gamma_0(z_n)$ を結ぶ線分 C_n を考える. 双曲距離の定義から,

$$\int_{C_n} \frac{|dz|}{y} \geqslant \rho_{\mathbb{H}}(z_n, \gamma_0(z_n)) \tag{11.5}$$

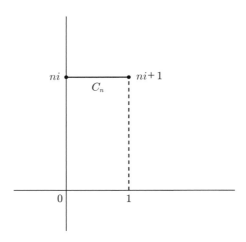

図 11.3 双曲距離の評価.

であるが,

$$\int_{C_n} \frac{|dz|}{y} = \int_0^1 \frac{|dz|}{n} = \frac{1}{n} \tag{11.6}$$

である. したがって (11.5), (11.6) より $\rho_{\mathbb{H}}(z_n, \gamma_0(z_n)) \to 0$ となることがわかる.

次に γ_1 について考える. $\mathbb{H}$ 内の点列 $\{z_n\}_{n=1}^{\infty}$ で,

$$\rho_{\mathbb{H}}(z_n, \gamma_0(z_n)) \to 0 \quad (n \to \infty)$$

となるものが存在したとして矛盾をみちびく.

まず, $|z_n| = 1$ と仮定してよい. $|z_n| \neq 1$ のときは,

$$g_n(z) = \frac{1}{|z_n|} z$$

を考えると.

$$|g_n(z_n)| = \left| \frac{z_n}{|z_n|} \right| = 1$$

となるが,

$$g_n \circ \gamma_1(z) = \frac{k}{|z_n|} z = \gamma_1 \circ g_n(z)$$

である.

$g_n \in PSL(2, \mathbb{R})$ が双曲距離を変えないことより,

$$\rho_{\mathbb{H}}(g_n(z_n), \gamma_1(g_n(z_n))) = \rho_{\mathbb{H}}(g_n(z_n), g_n(\gamma_1(z_n))) = \rho_{\mathbb{H}}(z_n, \gamma_1(z_n))$$

を得る. よって, z_n の代わりに $g_n(z_n)$ としても,

$$\rho_{\mathbb{H}}(g_n(z_n), \gamma_1(g_n(z_n))) \to 0$$

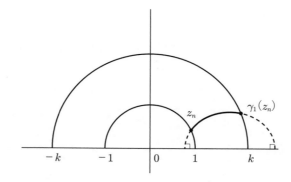

図 11.4 双曲距離の発散.

は成り立っている．よって $\{z_n\}_{n=1}^{\infty}$ は $\mathbb{H} \cap \{|z| = 1\}$ 上の無限列であるから集積点を持つ．それを z_{∞} とする．もし $z_{\infty} \in \mathbb{H}$ ならば，γ_1 の連続性より $\rho_{\mathbb{H}}(z_{\infty}, \gamma_1(z_{\infty})) = 0$ となり矛盾を生じる．したがって $z_{\infty} \in \partial\mathbb{H} = \mathbb{R}$ となり，$z_{\infty} = 1$ または -1 となる．しかし，このときは明らかに

$$\rho_{\mathbb{H}}(z_n, \gamma_1(z_n)) \to \infty \quad (n \to \infty)$$

となり矛盾を生じる（図 11.4 参照）．（終）

実際，

$$a(\gamma_1) = \rho_{\mathbb{H}}(i, ki)$$

で与えられている．

$\gamma \in PSL(2, \mathbb{R})$ が放物型ならば，ある $g \in PSL(2, \mathbb{R})$ が存在して，

$$\gamma(z) = g \circ \gamma_0 \circ g^{-1}(z)$$

と書ける．したがって，

$$\rho_{\mathbb{H}}(g(z), \gamma(g(z))) = \rho_{\mathbb{H}}(g(z), g(\gamma_0(z))) = \rho_{\mathbb{H}}(z, \gamma_0(z))$$

となり，$z \in \mathbb{H}$ を動かすことにより，

$$a(\gamma) = a(\gamma_0) = 0$$

が得られる．γ が双曲型のときも同様の考察で，

$$a(\gamma) > 0$$

が得られる．

一方，$\gamma \in PSL(2, \mathbb{R})$ が楕円型ならば，すでに見たように γ は $\mathbb{H}$ 内に固定点を持つから，

$$a(\gamma) = 0$$

である．これは放物型と同じ結果であるが，放物型は $\mathbb{H}$ に固定点を持たないので，$a(\gamma) = 0$ であるが，inf の中身 $\rho_{\mathbb{H}}(z, \gamma(z))$ は常に正である．

以上の考察から次の定理が得られたことになる．

定理 11.3　$\gamma \in PSL(2, \mathbb{R}) \backslash \{\mathrm{id}\}$ は $a(\gamma)$ を用いて，次のように分類される．

(i)　γ が楕円型
$$\Longleftrightarrow a(\gamma) = 0 \text{ で，ある } z \in \mathbb{H} \text{ が存在して}$$
$$\rho_{\mathbb{H}}(z, \gamma(z)) = 0.$$

(ii)　γ が放物型
$$\Longleftrightarrow a(\gamma) = 0 \text{ で，任意の } z \in \mathbb{H} \text{ に対して，}$$
$$\rho_{\mathbb{H}}(z, \gamma(z)) > 0.$$

(iii)　γ が双曲型
$$\Longleftrightarrow a(\gamma) > 0.$$

さらにこの定理から，コンパクトリーマン面のフックス群について次のことが言える．

定理 11.4　Γ_X がコンパクトリーマン面 X を表すフックス群であるとき，$\Gamma_X \backslash \{\mathrm{id}\}$ は双曲型の元のみからなる．

[証明]　Γ_X は楕円型の元を含まないから，放物型の元を含まないことを示せばよい．Γ_X が放物型の元 γ_0 を含んでいたとする．このとき，定理 11.3 より

$$\rho_{\mathbb{H}}(z, \gamma_0(z)) > 0 \text{ かつ } a(\gamma_0) = 0$$

である．したがって任意の $\varepsilon > 0$ に対して，ある z_ε が $\mathbb{H}$ 内にとれて

$$0 < \rho_{\mathbb{H}}(z_\varepsilon, \gamma_0(z_\varepsilon)) < \varepsilon \tag{11.7}$$

を満たす．

$\alpha_\varepsilon \subset \mathbb{H}$ を z_ε と $\gamma_0(z_\varepsilon)$ を結ぶ測地線とすると，(11.7) より α_ε の双曲的長さ $l_{\mathbb{H}}(\alpha_\varepsilon)$ は

$$0 < l_{\mathbb{H}}(\alpha_\varepsilon) < \varepsilon$$

となる．

ここで商写像 $\pi_X : \mathbb{H} \to \mathbb{H}/\Gamma_X = X$ による α_ε の像 $C_\varepsilon := \pi_X(\alpha_\varepsilon)$ を考える．仮定より C_ε は $p_\varepsilon := \pi_X(z_\varepsilon)$ を通る非自明な閉曲線である．X はコンパクトであったから，$\varepsilon \to 0$ とすれば $\{p_\varepsilon\}_{\varepsilon > 0}$ は集積点を X 内に持つ．$\{\varepsilon_n\}_{n=1}^{\infty}$

を $\varepsilon_n \to 0$ で $\{p_{\varepsilon_n}\}_{n=1}^{\infty}$ が収束するような正数列をとる．$p_0 := \lim_{n\to\infty} p_{\varepsilon_n}$ の単連結近傍を U_0 とする．その境界 ∂U_0 と p_0 の距離 $r > 0$ に対して，n を十分大にとって，

$$\rho_X(p_0, p_{\varepsilon_n}) < \frac{r}{2}, \quad l_X(\pi_X(\alpha_\varepsilon)) < \frac{r}{2}$$

とすれば，$\pi_X(\alpha_\varepsilon) \subset U_0$ となる．ただし $l_X(\pi_X(\alpha_\varepsilon))$ は X における $\pi_X(\alpha_\varepsilon)$ の長さで，それは $l_{\mathbb{H}}(\alpha_\varepsilon)$ に等しい．これより $\pi_X(\alpha_\varepsilon) \subset U_0$ となり，U_0 が単連結であったことから，$\pi_X(\alpha_\varepsilon)$ は自明な閉曲線となり矛盾を生じ，Γ_X は放物型の元を含まないことが示された． $\square$

一次変換 $\gamma \in PSL(2, \mathbb{R})$ が双曲型であれば，その固定点は $\mathbb{R} \cup \{\infty\}$ にある．よって，フックス群 Γ_X に対して，

$$\mathrm{Fix}(\Gamma_X) = \{x \mid x \text{ はある } \gamma \in \Gamma_X \backslash \{\mathrm{id}\} \text{ の固定点}\}$$

とおけば，定理 11.4 より $\mathrm{Fix}(\Gamma_X) \subset \mathbb{R} \cup \{\infty\}$ となる．実際はさらに強く，以下のことが言える．

定理 11.5 $\mathrm{Fix}(\Gamma_X)$ は $\mathbb{R} \cup \{\infty\}$ で稠密である．すなわち，

$$\overline{\mathrm{Fix}(\Gamma_X)} = \mathbb{R} \cup \{\infty\}$$

が成り立つ．

[証明] $\gamma \in \Gamma_X \backslash \{\mathrm{id}\}$ を任意の元とする．γ は双曲型であったから，2 つの固定点 γ^+, γ^- が $\mathbb{R} \cup \{\infty\}$ に存在する．L_γ を γ^+ と γ^- を結ぶ測地線 L_γ 上に z_0 を取り固定する．また，$x \in \mathbb{R}$ を任意の点とする．この点 x に収束するような $\mathrm{Fix}(\Gamma_X)$ の点列が存在することを示せばよい．

定理 11.2 より Γ_X の極限集合 $\Lambda_{\Gamma_X} = \mathbb{R} \cup \{\infty\}$ であったから，x に対してある列 $\{\gamma_n\}_{n=1}^{\infty} \subset \Gamma_X$ が存在して，

$$\lim_{n\to\infty} \gamma_n(z_0) = x$$

となる．よって，任意の $\varepsilon > 0$ に対して，ある $N \in \mathbb{N}$ が存在して，$n \geqslant N$ ならば

$$|\gamma_n(z_0) - x| < \varepsilon \tag{11.8}$$

となる．ここで $L_n := \gamma_n(L_\gamma)$ を考える．L_n は $\gamma_n(\gamma^+)$ と $\gamma_n(\gamma^-)$ を結ぶ測地線になる．このとき，もし $\gamma_n(\gamma^+)$, $\gamma_n(\gamma^-)$ がともに x から ε 以上離れていれば，L_n と x の距離も ε 以上となり (11.8) に反する（図 11.5）．したがって，$\gamma_n(\gamma^+)$ と $\gamma_n(\gamma^-)$ のうち少なくとも 1 つは x から ε 以内の距離にある．それを $\gamma_n(\gamma^+)$ としよう．

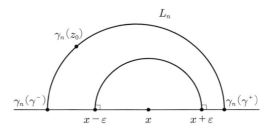

図 11.5 L_n の位置.

一方，$g_n = \gamma_n \circ \gamma \circ \gamma_n^{-1} \in \Gamma_X$ とおくと，$\gamma(\gamma^+) = \gamma^+$ であるから，

$$g_n(\gamma_n(\gamma^+)) = \gamma_n \circ \gamma \circ \gamma_n^{-1}(\gamma_n(\gamma^+)) = \gamma_n \circ \gamma(\gamma^+) = \gamma_n(\gamma^+)$$

となり，$\gamma_n(\gamma^+)$ は g_n の固定点であることがわかる．したがって，$\gamma_n(\gamma^+) \in$ Fix(Γ_X) となり，

$$|\gamma_n(\gamma^+) - x| < \varepsilon$$

であったから，求める主張が得られたことになる． $\square$

注意 11.1 定理 11.5 の証明では X がコンパクトリーマン面であるという仮定は用いていない．したがってこの定理の主張は，双曲型の元を含む任意の第一種フックス群に対して成立する．

第 12 章

コンパクトリーマン面の変形とフックス群の表現

12.1 フックス群の対応

X_0 を種数 $g(\geqslant 2)$ のコンパクトリーマン面とし，X_0 を表現するフックス群を Γ_{X_0} とする．X を同じ種数 g のコンパクトリーマン面とする．この 2 つのリーマン面は同相であり，したがって X_0 から X への向きを保つ同相写像 $f_X : X_0 \to X$ が存在する．実際には，f_X は向きを保つ可微分写像として取れることが知られている．よって，f_X は向きを保つ可微分同相写像であると仮定する．

写像 f_X は X_0 から X への写像であるが，f_X は普遍被覆面 $\widetilde{X}_0$ から $\widetilde{X}$ への写像 F_X を自然に定義する．これは以下のように行う．

点 $p_0 \in X_0$ を固定して，$\widetilde{X}_0$ の点は $[p, C_p]$ の形で表されている．ここで C_p は p_0 と $p \in X_0$ を結ぶ曲線で $[p, C_p]$ は組 (p, C_p) の同値類であった（第 9 章参照）．この点 $[p, C_p]$ には f_x が次の形で作用する．

$$\widetilde{X}_o \ni [p, C_p] \mapsto [f_X(p), f_X(C_p)] \in \widetilde{X}. \tag{12.1}$$

この写像が well-defined，すなわち普遍被覆面を定義する同値関係を保つことは容易にわかる．ただし，$\widetilde{X}$ を構成する際の基点は $f_X(p_0)$ とする．この写像を F_X と書くことにする．f_X が可微分同相写像であるから，F_X も可微分同相写像である．F_X を f_X の $\widetilde{X}_0$ の**持ち上げ**（lift）と呼ぶ．

射影 $\pi_{X_0} : \widetilde{X}_0 \to X_0$, $\pi_X : \widetilde{X} \to X$ を

$$\pi_{X_0} : \widetilde{X}_0 \ni [p, C_p] \mapsto p \in X_0,$$

$$\pi_X : \widetilde{X} \ni [q, \widetilde{C}_q] \mapsto q \in X$$

ととれば，(12.1) の関係は

$$\pi_X \circ F_X = f_X \circ \pi_{X_0} \tag{12.2}$$

となることがわかる.

ここで, $[\alpha] \in \pi_1(X_0, p_0)$ を考える. 第9章で述べたように, $[\alpha]$ より被覆変換 $[\cdot]_*$ が定まり, その作用は

$$[\alpha]_*([p, C_p]) = [p, C_p \alpha^{-1}]$$

で定義された. よって

$$
\begin{aligned}
F_X([\alpha]_*([p, C_p])) &= [f_X(p), f_X(C_p) f_X(\alpha)^{-1}] \\
&= [f_X(\alpha)^{-1}]_*([f_X(p), f_X(C_p)]) \\
&= [f_X(\alpha)^{-1}]_*(F_X([p, C_p]))
\end{aligned}
$$

となる. すなわち, $\widetilde{X}_0$ において

$$F_X \circ [\alpha]_* = [f_X(\alpha)]_* \circ F_X \tag{12.3}$$

が成立していることがわかった.

$\widetilde{X}_0$ を $\mathbb{H}$ とみなし, 被覆変換群をフックス群 Γ_{X_0} とすれば, $[\alpha]_*$ ($[\alpha] \in \pi_1(X_0, p_0)$) は Γ_{X_0} の元となる. これを $\gamma_\alpha \in \Gamma_{X_0}$ と書くことにする. (12.3) において $[f_X(\alpha)]_*$ は $\widetilde{X}$ の被覆変換群の元であるから, $PSL(2, \mathbb{R})$ の元である. これを $\theta_{F_X}(\gamma_\alpha)$ とおけば, (12.3) は

$$F_X \circ \gamma_\alpha = \theta_{F_X}(\gamma_\alpha) \circ F_X \tag{12.4}$$

を得る. つまり (12.4) を満たす写像 $\theta_{F_X} : \Gamma_{X_0} \to PSL(2, \mathbb{R})$ が得られたことになる. θ_{F_X} はその構成法から準同型となるが, $f : X_0 \to X$ が可微分同相写像であったことより, Γ_{X_0} から $\theta_{F_X}(\Gamma_{X_0})$ への同型写像を与え, その像 $\theta_{F_X}(\Gamma_{X_0})$ は $\widetilde{X}$ の被覆変換群とみなせる. よって $\theta_{F_X}(\Gamma_0)$ は X を表すフックス群となる.

逆に $\mathbb{H}$ からそれ自身への可微分同相写像 F と Γ_{X_0} からのフックス群 Γ への同型写像 θ_F がとれて,

$$F \circ \gamma = \theta_F(\gamma) \circ F \quad (\forall \gamma \in \Gamma_{X_0})$$

が成立していたとすると, $\pi_X \circ \theta_F(\gamma) = \pi_X$ より

$$
\begin{aligned}
\pi_X \circ F \circ \gamma &= \pi_X \circ \theta_F(\gamma) \circ F \\
&= \pi_X \circ F
\end{aligned}
$$

となるが, これは $f := \pi_X \circ F \circ \pi_{X_0}^{-1} : X_0 \to X$ が $p \in X_0$ に対して $\pi_{X_0}^{-1}(p) \in \widetilde{X}_0$ の選び方によらないことを示している. f の定義を書き直せば,

$$\pi_X \circ F = f \circ \pi_{X_0}$$

となり, これは (12.2) から, F が $f : X_0 \to X$ の持ち上げになっていること

を示している.

　ここで便宜上 $\widetilde{X}_0$, $\widetilde{X}$ として単位円板 $\mathbb{D} = \{|z| < 1\}$ をとる. Γ_{X_0} は $\mathrm{Aut}(\mathbb{D})$ の部分群で $X_0 = \mathbb{D}/\Gamma_{X_0}$ となっている. このとき, $f_X : X_0 \to X$ の持ち上げ F_X は $\mathbb{D}$ からそれ自身への可微分同相写像であり, 任意の $\gamma \in \Gamma_{X_0}$ に対して,

$$F_X \circ \gamma = \theta_{F_X}(\gamma) \circ F_X \tag{12.5}$$

を満たす群同型 θ_{F_X} が存在し,

$$X = \mathbb{D}/\theta_{F_X}(\Gamma_{X_0})$$

となっている.

例題 12.1　$\widetilde{X}_0$ と $\widetilde{X}$ が単位円板であるとき, 可微分写像 f_X の持ち上げ F_X は $\mathrm{Aut}(\mathbb{D})$ の左からの合成を除き一意的に決まることを示せ.

[解答]　Γ_{X_0}, Γ_X をそれぞれ X_0, X に対するフックス群とする. F_X, G_X を f_X の持ち上げとすれば, (12.2) より,

$$\pi_X \circ F_X = f_X \circ \pi_{X_0} = \pi_X \circ G_X$$

である. よって, 任意の $z \in \mathbb{D}$ に対して,

$$\pi_X(F_1(z)) = \pi_X(F_2(z))$$

となる. したがって, ある $\gamma_z \in \Gamma_X$ が存在して,

$$F_X(z) = \gamma_z(G_X(z))$$

を得る. ここで Γ_X の離散性を用いれば, γ_z は z によらないことがわかる. したがって, $\gamma := \gamma_z$ とおけば, $F_X = \gamma \circ G_X$ が得られる. (終)

　さて, ここで X_0 と X はそのままにしておいて, 別の向きを保つ可微分写像 $g_X : X_0 \to X$ を考える. 2 つの写像 f_X と g_X の間に連続変形が存在するとき, f_X と g_X は同値であるといい, $f_X \sim g_X$ と書くことにする. つまり, $0 \leqslant t \leqslant 1$ に対して定義された写像 $f(t; \cdot) : X_0 \to X$ が存在し, $f(0; \cdot) = f_X(\cdot)$, $f(1; \cdot) = g_X(\cdot)$ であり, $f(\cdot; \cdot) : [0, 1] \times X_0 \to X$ が $[0, 1] \times X_0$ で連続であるとき, f_X と g_X は同値となるのである.

　また, ある等角写像 $h : X \to X$ が存在して, f_X と $h \circ g_X$ が同値になるとき, f_X と g_X は**タイヒミュラー同値**（Teichmüller equivalent）であるといい, 記号

$$f_X \underset{T}{\sim} g_X$$

で表すことにする.

$g_X : X_0 \to X$ も f_X と同様に持ち上げ $G_X : \mathbb{D} \to \mathbb{D}$ と Γ_0 から $\mathrm{Aut}(\mathbb{D})$ の中への群同型 θ_{G_X} が存在して,

$$G_X \circ \gamma = \theta_{G_X}(\gamma) \circ G_X \quad (\forall \gamma \in \Gamma_0)$$

が成り立っている. このとき次が成り立つ.

定理 12.1 f_X と g_X がタイヒミュラー同値となる必要十分条件は θ_{F_X} と θ_{G_X} が $\mathrm{Aut}(\mathbb{D})$ で共役となることである.

[証明] $f_X \underset{T}{\sim} g_X$ であったとする. 定義より, ある等角写像 $h : X \to X$ が存在して, $f_X \sim h \circ g_X$ となっている. h の持ち上げ $H : \mathbb{D} \to \mathbb{D}$ として, $H \circ G_X$ が $h \circ g_X$ の持ち上げとなるようにとる. このとき, $H \circ G_X$ が与える群同型 θ は, $\gamma \in \Gamma_0$ に対し,

$$H \circ G_X \circ \gamma = \theta(\gamma) \circ H \circ G_X \tag{12.6}$$

を満たす. $G_X \circ \gamma = \theta_{G_X}(\gamma) \circ G_X$ であるから,

$$
\begin{aligned}
H \circ G_X \circ \gamma &= H \circ \theta_{G_X}(\gamma) \circ G_X \\
&= H \circ \theta_{G_X}(\gamma) \circ H^{-1} \circ H \circ G_X
\end{aligned}
\tag{12.7}
$$

となる. (12.6) と (12.7) を比較して

$$\theta(\gamma) = H \circ \theta_{G_X}(\gamma) \circ H^{-1}$$

を得る. 写像の持ち上げには, $\mathrm{Aut}(\mathbb{D})$ の共役の自由度があるから, 2 つの写像 $f, g : X_0 \to X$ が $f \sim g$ ならば, その持ち上げ F, G として, $\theta_F = \theta_G$ となるものが存在することを示せばよい.

$f \sim g$ であるから, 連続写像 $f(\cdot\,;\cdot) : [0,1] \times X_0 \to X$ が存在して, $f(0; \cdot) = f(\cdot), f(1; \cdot) = g(\cdot)$ を満たす. さらに $f(t; \cdot)$ の持ち上げ $F_t : \mathbb{D} \to \mathbb{D}$ をそれが導く群同型 θ_t について $\theta_t(\Gamma_0) = \theta_0(\Gamma_0)$ となるようにとることができる. このとき, $\gamma \in \Gamma_0$ に対して,

$$\gamma_t := \theta_t(\gamma)$$

は t に関して連続である.

一方, $\theta_0(\Gamma_0)$ は X を表現するフックス群であったから, $\mathrm{Aut}(\mathbb{D})$ の部分群として不連続である. よって, γ_t は変数 t に関して定数でなければならない. 特に

$$\gamma_0 = \gamma_1$$

である. これは $\theta_F = \theta_0 = \theta_1 = \theta_G$ を意味している,

逆に θ_{F_X} と θ_{G_X} が $\mathrm{Aut}(\mathbb{D})$ で共役であったとする．このときも，上と同様に $\theta_{F_X} = \theta_{G_X}$ と仮定してよい．簡単のため，$\theta := \theta_{F_X}(= \theta_{G_X})$ とおく．任意の $\gamma \in \Gamma_0$ および任意の $z \in \mathbb{D}$ に対して，

$$
\begin{cases}
F_X(\gamma(z)) = \theta(\gamma)(F_X(z)), \\
G_X(\gamma(z)) = \theta(\gamma)(G_X(z))
\end{cases}
\tag{12.8}
$$

である．ここで $0 \leqslant t \leqslant 1$ なる t に対して，

$\quad F(t; Z) = $ 双曲距離に関する，$F_X(z)$ と $G_X(z)$ の $(1-t) : t$ の内分点

と定義する．$F : [0,1] \times \mathbb{D} \to \mathbb{D}$ は連続で，$F(0; \cdot) = F_X(\cdot)$, $F(1; \cdot) = G_X(\cdot)$ である．また，

$\quad F(t; \gamma(z)) = F_X(\gamma(z))$ と $G_X(\gamma(z))$ の $(1-t) : t$ の内分点

となるが，これは (12.8) より

$\quad F(t; \gamma(z)) = \theta(\gamma)(F_X(z))$ と $\theta(G_X(z))$ の $(1-t) : t$ の内分点

となる．一方，$\theta(\gamma) \in \mathrm{Aut}(\mathbb{D})$ であったから，双曲距離を保つ．よって内分点も保たれる（図 12.1）．

以上によって，$\gamma \in \Gamma_0$, $z \in \mathbb{D}$ に対し

$$
F(t; \gamma(z)) = \theta(\gamma)(F(t; z))
\tag{12.9}
$$

が成り立つことがわかった．(12.9) は $F(t; \cdot)$ が X_0 から X へのある連続写像 $f(t; \cdot)$ の持ち上げであることを示している．さらに $f(0; \cdot) = f(\cdot)$, $f(1; \cdot) = g(\cdot)$ であるから，$f \sim g$ である．したがって，特に $f \underset{T}{\sim} g$ である． $\square$

ここで種数 $g \geqslant 2$ のコンパクトリーマン面 X_0 を固定して，X_0 と同じ種数 g を持つすべてのコンパクトリーマン面とそこへの向きを保つ可微分同相写像全体を考え，そのタイヒミュラー同値類をすべて集めたものを $T(X_0)$ と書き，

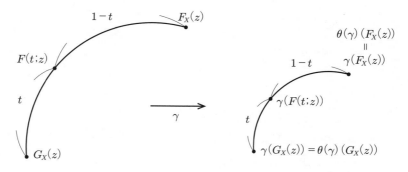

図 12.1　内分点の保存.

これを X_0 の**タイヒミュラー空間**（Teichmüller space）と呼ぶ.

$T(X_0)$ は極めて漠然とした集合であるが, 定理 12.1 より.

$$T(X_0) = \left\{ [\theta] \; \middle| \; \begin{array}{c} \theta \text{ はある向きを保つ可微分同相写像 } F:\mathbb{D} \to \mathbb{D} \text{ を用いて} \\ \theta(\gamma) = F \circ \gamma \circ F^{-1} \\ \text{と表される } \varGamma_0 \text{ から Aut}(\mathbb{D}) \text{ の中への同型写像} \end{array} \right\} \tag{12.10}$$

と書き直すことができる. ここに $[\theta]$ は θ の Aut$(\mathbb{D})$ での共役類を表す.

上のような $T(X_0)$ の言い換えで, $T(X_0)$ の点をある種の群同型と見なせるようになり, 少し具象化された. この具象化をさらに進めるために, 写像

$$F_X : \mathbb{D} \to \mathbb{D}$$

の境界値を考える. F_X が $\mathbb{D}$ 上の可微分同相写像であるからと言って, $\mathbb{D}$ の境界 $\partial\mathbb{D}$ に境界値を持つとは限らない. このために, まず一般論から始める.

定義 12.1 W を $\mathbb{C}$ 内の集合とする. W 上の連続写像 $F:W \to \mathbb{C}$ が**一様連続**（uniformly continuous）とは, 任意の $\varepsilon > 0$ に対して, ある $\delta > 0$ が存在して, $z, z' \in W$ が $|z - z'| < \delta$ ならば

$$|F(z) - F(z')| < \varepsilon$$

となるときを言う.

上の定義は「ほとんど」普通の連続の定義と同じであるが, ε に対する δ が z, z' に依らずに存在するところが「一様」たるゆえんである.

よく知られているように, 平面上の有界閉集合で連続な写像は一様連続である. よって, もし $F:\mathbb{D} \to \mathbb{D}$ が $\partial\mathbb{D}$ まで連続拡張を持てば, F は $\mathbb{D} \cup \partial\mathbb{D}$ で, したがって $\mathbb{D}$ においても一様連続である. 実はこの逆も正しい.

補題 12.1 連続写像 $F:\mathbb{D} \to \mathbb{D}$ が $\mathbb{D}$ で一様連続なら F は $\partial\mathbb{D}$ に連続拡張を持つ.

[証明] $\zeta \in \partial\mathbb{D}$ を任意にとり, ζ に収束する $\mathbb{D}$ 内の点列 $\{z_n\}_{n=1}^{\infty}$ を取る. このとき, 極限値

$$\lim_{n \to \infty} F(z_n) \tag{12.11}$$

が存在することを示す.

仮定より, $F(z_n) \in \mathbb{D}$ であるから, $\{F(z_n)\}_{n=1}^{\infty}$ の部分列で収束するものが存在する. もし (12.11) の極限値が存在しなければ, 異なる値に収束する 2 つの部分列が存在するはずである. その 2 つの部分列を $\{F(z_{n_p})\}_{p=1}^{\infty}$, $\{F(z_{m_p})\}_{p=1}^{\infty}$

とし,

$$\alpha = \lim_{p \to \infty} F(z_{n_p}), \quad \beta = \lim_{p \to \infty} F(z_{m_p}) \tag{12.12}$$

とおくと, $\alpha \neq \beta$ である.

一方, F は $\mathbb{D}$ で一様連続であったから, ある $\delta > 0$ が存在して, $|z - z'| < \delta$ ならば

$$|F(z) - F(z')| < \frac{1}{2}|\alpha - \beta| \tag{12.13}$$

となる. $z_{n_p}, z_{m_p} \to \zeta$ であったから, ある $N \in \mathbb{N}$ が存在して, $p \geqslant N$ ならば,

$$|z_{n_p} - \zeta| < \frac{1}{2}\delta, \quad |z_{m_p} - \zeta| < \frac{1}{2}\delta$$

となる. したがって, $p \geqslant N$ ならば

$$\begin{aligned} |z_{n_p} - z_{m_p}| &\leqslant |z_{n_p} - \zeta| + |z_{m_p} - \zeta| \\ &< \frac{1}{2}\delta + \frac{1}{2}\delta = \delta \end{aligned}$$

である. よって (12.13) より

$$|F(z_{n_p}) - F(z_{m_p})| < \frac{1}{2}|\alpha - \beta|$$

となる. ここで $p \to \infty$ として (12.12) を用いれば,

$$|\alpha - \beta| < \frac{1}{2}|\alpha - \beta|$$

を得るが, $|\alpha - \beta| > 0$ であるから, これは矛盾である. 以上により, 任意の点列 $\{z_n\}_{n=1}^{\infty}$ に対し (12.11) の極限値が存在することが示された. さらに (12.11) の極限値は点列 $\{z_n\}$ に依らない. つまり, ζ に収束する 2 つの点列 $\{z_n\}$, $\{z'_n\}$ に対して,

$$\lim_{n \to \infty} F(z_n) = \lim_{n \to \infty} F(z'_n) \tag{12.14}$$

となる. 実際, 新たな点列 $\{w_n\}$ を

$$w_{2n} = z_n, \quad w_{2n+1} = z'_n$$

とおけば, $\lim_{n \to \infty} F(w_n)$ が存在することから (12.14) がわかる. $\qquad\square$

ここでリーマン面の写像 $f_X : X_0 \to X$ に話を戻そう. X_0, X は種数 $g(\geqslant 2)$ のコンパクトリーマン面であったから, その持ち上げ $F_X : \mathbb{D} \to \mathbb{D}$ を考えることができる. 元の写像 f_X は滑らかであったから, F_X もそうである. F_X の一様連続性についても, 次のことが知られている.

補題 12.2 $F_X : \mathbb{D} \to \mathbb{D}$ は一様連続である.

この補題 12.2 の証明は難しい. 証明にあたっては, $F_X : \mathbb{D} \to \mathbb{D}$ が単に滑らかということではなく, **擬等角** (quasiconformal)[*1] であるという事実を用いる. ここでは, この補題の証明は省略することにする.

補題 12.1 と 12.2 より, F_X は $\mathbb{D}$ の境界 $\partial\mathbb{D}$ まで連続に拡張されるが, その拡張した写像も同じ記号 F_X で書くことにする. $F_X : \mathbb{D} \to \mathbb{D}$ は同相写像であったから, この拡張された写像 $F_X : \overline{\mathbb{D}} \to \overline{\mathbb{D}}$ も同相写像になる. また, $\mathrm{Aut}(\mathbb{D})$ の元も $\overline{\mathbb{D}}$ まで連続となっているから, (12.5) が $\partial\mathbb{D}$ においても成立している.

以上のことを念頭において, $T(X_0)$ の話を考える. 2つの写像 $F, G : \mathbb{D} \to \mathbb{D}$ が同じ $T(X_0)$ の点を定めているとする. つまり, F と G が導く Γ_0 の群同型 $\theta_{F_X}, \theta_{G_X}$ が $\mathrm{Aut}(\mathbb{D})$ 内で共役であったとする. 簡単のため

$$\theta_{F_X} = \theta_{G_X} = \theta$$

とする. このとき, 任意の $\gamma \in \Gamma_0$ に対して,

$$F_{X_0} \circ \gamma \circ F_X^{-1}(z) = \theta(\gamma)(z) = G_X \circ \gamma \circ G_X^{-1}(z)$$

が成り立っている. したがって任意の $n \in \mathbb{N}$ に対して,

$$F_X \circ \gamma^n(F_X^{-1}(z)) = \theta(\gamma)^n(z) = G_X \circ \gamma^n(G_X^{-1}(z)) \tag{12.15}$$

が成り立っている. ここで γ^n は γ の n 回合成である. ここで $\gamma \in \Gamma_0$, $\theta(\gamma) \in \theta(\Gamma_0)$ であるが, Γ_0 と $\theta(\Gamma_0)$ はともに種数 g のコンパクトリーマン面を表すフックス群である. したがって, 定理 11.4 より, $\gamma \neq \mathrm{id}$ ならば, $\gamma \in \Gamma_0$ は双曲型である. よって, ある $A_\gamma \in PSL(2, \mathbb{C})$ と $0 < k < 1$ なる実数 k が存在して,

$$A_\gamma \circ \gamma \circ A_\gamma^{-1}(z) = kz \tag{12.16}$$

となる, 特に,

$$\gamma^n(A_\gamma^{-1}(z)) = A_\gamma^{-1}(k^n z)$$

である. よって

$$\lim_{n \to \infty} \gamma^n(A_\gamma^{-1}(z)) = A_\gamma^{-1}(0). \tag{12.17}$$

(12.16) より, $A_\gamma^{-1}(0)$ は γ の固定点であることがわかる. よって, $A_\gamma^{-1}(0) \in$

[*1]　$\mathbb{C}$ 内の領域 D_1, D_2 の間の可微分同相写像 f が擬等角であるとは, $0 \leqslant k < 1$ である k が存在して, 任意の $z \in D_1$ に対して,

$$\left| \frac{\partial f}{\partial \bar{z}}(z) \right| \leqslant k \left| \frac{\partial f}{\partial z}(z) \right|$$

が成り立つときをいう.

$\partial\mathbb{D}$ となっているが，F_X, G_X は $\partial\mathbb{D}$ まで連続的に拡張されたから，(12.15) において $n \to \infty$ として (12.17) を用いると，

$$F_X(A_\gamma^{-1}(0)) = G_X(A_\gamma^{-1}(0))$$

を得る．つまり，F_X と G_X は γ の固定点での値が等しいことが示された．一方，定理 11.5 より，Γ_0 の固定点全体は $\partial\mathbb{D}$ で稠密であるから，連続写像 F_X，G_X は $\partial\mathbb{D}$ の稠密な集合上等しく，したがって，$\partial\mathbb{D}$ 全体で等しいことがわかる．

逆に $\partial\mathbb{D}$ で $F_X = G_X$ ならば $\theta_{F_X} = \theta_{G_X}$ となることは容易にわかる．よって，次のことが証明されたことになる．

定理 12.2 2 つの写像 $f, g : X_0 \to X$ が $T(X_0)$ の同じ点を定めるための必要十分条件は，f, g の持ち上げ F_X, G_X が $\partial\mathbb{D}$ 上の $\mathrm{Aut}(\mathbb{D})$ に対して共役となることである．

この定理の結果を用いて，(12.10) のように $T(X_0)$ を書き直すと以下のようになる．

$$T(X_0) = \left\{ [F] \;\middle|\; \begin{array}{l} F \text{ は } \partial\mathbb{D} \text{ から } \partial\mathbb{D} \text{ への向きを保つ同相写像で，任意の} \\ \gamma \in \Gamma_0 \text{ に対し，} \\ \qquad F \circ \gamma \circ F^{-1} \in \mathrm{Aut}(\mathbb{D}) \\ \text{となる } \mathbb{D} \text{ で可微分な写像 } F : \overline{\mathbb{D}} \to \overline{\mathbb{D}} \text{ に拡張される} \end{array} \right\}.$$

ただし，$[F]$ は $\partial\mathbb{D}$ 上の F の $\mathrm{Aut}(\mathbb{D})$ に関する共役類を表す．

第 13 章
リーマン面の射影構造とタイヒミュラー空間

13.1 リーマン面の射影構造

X は双曲型リーマン面とする．リーマン面とは 1 次元複素多様体である．その定義より X の開被覆 $\{U_\lambda\}_{\lambda \in \Lambda}$ と各 U_λ から $\mathbb{C}$ の中への同相写像 $\varphi_\lambda : U_\lambda \to \mathbb{C}$ が存在して，座標変換 $\varphi_\lambda \circ \varphi_\mu^{-1} : \varphi_\mu(U_\mu) \to \varphi_\lambda(U_\lambda)$ が正則になる，$\{(U_\lambda, \varphi_\lambda)\}_{\lambda \in \Lambda}$ は X 上の**複素構造**を決定している．リーマン面の**射影構造** (projective structure) とは，複素構造の定義における同相写像 φ_λ を U_λ から $\widehat{\mathbb{C}}$ への写像とし，座標変換 $\varphi_\lambda \circ \varphi_\mu^{-1}$ が $PSL(2, \mathbb{C})$ として定義される幾何構造である．$PSL(2, \mathbb{C})$ の元は正則写像であるから，曲面上に射影構造が定まれば自然に複素構造が定まり，リーマン面が定義される．射影構造の例を 2 つ挙げる．

フックス群から定義される射影構造

X は双曲型リーマン面であったから，あるフックス群 Γ_X によって表現される．$\pi_X : \mathbb{H} \to \mathbb{H}/\Gamma_X = X$ を商写像とする．π_X は局所同相であるから，各 $p \in X$ に p の近傍 U_p が存在して，π_X は $\pi_X^{-1}(U_p)$ の連結成分上で同相写像となる．そこで，各 $p \in X$ に対し，$\pi_p^{-1}(U_p)$ の連結成分 $V_p \, (\subset \mathbb{H})$ を 1 つ指定する．すると，

$$\varphi_p := \pi_X^{-1}\big|_{U_p} : U_p \to V_p \, (\subset \mathbb{H})$$

は同相写像である．

このとき $\{(U_p, \varphi_p)\}_{p \in X}$ は X の射影構造を定める．

例題 13.1 このことを確認せよ．

[解答] φ_p の定義から，任意の $\zeta \in U_p$ に対し，

$$\pi_X \circ \varphi_p(\zeta) = \zeta$$

が成立している．$p, q \in X$ に対し，$U_p \cap U_q \neq \emptyset$ とする．このとき，任意の $\zeta \in U_p \cap U_q$ に対し，

$$\pi_X(\varphi_p(\zeta)) = \pi_X(\varphi_q(\zeta)) = \zeta$$

である．ゆえに $\varphi_p(\zeta)$ と $\varphi_q(\zeta)$ は Γ_X-同値である．よって，

$$\gamma_\zeta(\varphi_p(\zeta)) = \varphi_q(\zeta)$$

となる $\gamma_\zeta \in \Gamma_X$ が存在する．ここで $U_p \cap U_q$ は連結となるようにとれば，Γ_X の離散性から，γ_ζ は ζ に依存しないことがわかる．よって，$\varphi_q \circ \varphi_p^{-1} \in \Gamma_X \subset PSL(2, \mathbb{R})$ となる．これは $\{U_p\}_{p \in X}$ と $\{\varphi_p\}_{p \in X}$ によって X 上に射影構造が定義されたことを意味している．（終）

Grafting（接ぎ木）による射影構造

X_0 を種数 $g > 1$ のコンパクトリーマン面，α を X_0 上の単純閉測線とする．X_0 を表すフックス群 Γ_0 の $PSL(2, \mathbb{R})$ の共役を考えて，閉測地線 α に対応する変換が $\gamma_\alpha(z) = kz \, (k > 1)$ と仮定してよい．$\mathbb{H}$ 内の虚軸が α に対応する．このとき，ある $\delta > 0$ が存在して，$N_\delta = \{z \in \mathbb{H} \mid \frac{\pi}{2} - \delta < \arg z < \frac{\pi}{2} + \delta\}$ における Γ_0 の作用は γ_α の巡回群 $\langle \gamma_\alpha \rangle$ であるから N_δ の商写像 $\pi_0 : \mathbb{H} \to \mathbb{H}/\Gamma_0 = X_0$ による像は α を含む 2 重連結領域になる．$\pi_0(N_\delta)$ を α の**カラー近傍**という（図 13.1）．

ここで巡回群 $\langle \gamma_\alpha \rangle$ に注目する．γ_α は虚軸 I を固定し，$\langle \gamma_\alpha \rangle$ は $\mathbb{C}_I := \mathbb{C} \backslash I$ に真性不連続に作用する．このとき，商写像 $\pi_\alpha : \mathbb{C}_I \to \mathbb{C}_I/\langle \gamma_\alpha \rangle$ による像は位相的には円筒（2 重連結領域）になる．また，N_δ は円筒の境界近傍に写される（図 13.2）．ここで次のような手術を行う．

(i)　X_0 を閉測地線 α に沿って切る．ここで α には図 13.1 のように向きをつけておく．すると，α のカラー近傍 $\pi_0(N_\delta)$ は α の左側 $\pi_0(N_\delta)_-$ と右側 $\pi_0(N_\delta)_+$ に分かれる（図 13.3）．

(ii)　(i) で作った曲面と $A_\alpha = \mathbb{C}_I/\langle \gamma_\alpha \rangle$ をその境界，すなわち α から得られたものどうしを同一視することで貼り付ける．ただし元々の α の点が同じ点どうしを同一視し，貼り付けることで α のカラー近傍が復元される向き

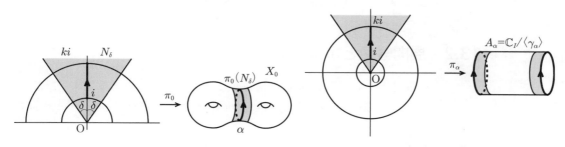

図 13.1　α のカラー近傍.　　　　　　　図 13.2　円筒の構成.

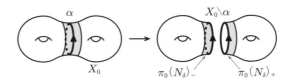

図 13.3 α による切断.

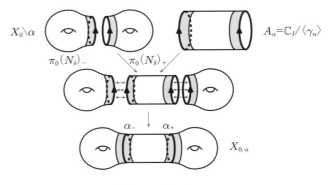

図 13.4 Grafting.

に貼り合わせる. このような操作を grafting と呼び, 得られたリーマン面を $X_{0,\alpha}$ と書くことにする.

$X_{0,\alpha}$ に grafting に付随した射影構造を定義しよう. 図 13.4 のように α から得られた曲線を α_+, α_- とする. $X_{0,\alpha}$ は集合として $(X_0 \backslash \alpha) \cup \alpha_- \cup \alpha_+ \cup A_\alpha$ と書くことができる. $p \in X_0 \backslash \alpha$ に対して, その近傍 U_p を $U_p \subset X_0 \backslash \alpha$ となるように選び, $\varphi_p : U_p \to \widehat{\mathbb{C}}$ をフックス群 Γ_0 から得られる同相写像とする. また, $p \in A_\alpha$ に対して, その近傍 U_p を $U_p \subset A_\alpha$ ととり, $\varphi_p : U_p \to \widehat{\mathbb{C}}$ を

$$\varphi_p := \pi_\alpha^{-1}|_{V_p} : U_p \to V_p \subset \widehat{\mathbb{C}}$$

で定義する. ここで V_p は $\pi_\alpha^{-1}(U_p)$ のある連結成分である. また, $p \in \alpha_\pm$ に対しては, その近傍 U_p を $\alpha_\pm$ の復元されたカラー近傍内に含まれるようにとり, $\varphi_p : U_p \to \widehat{\mathbb{C}}$ を同じく上式で定義する.

以上で得られた $(\{U_p\}, \{\varphi_p\})_{p \in X_{0,\alpha}}$ は $X_{0,\alpha}$ の射影構造を定めている. これを α についての **grafting** で得られた**射影構造**という.

13.2 展開写像とホロノミー

双曲型リーマン面 X に射影構造が 1 つ定まっていると仮定する. $X = \bigcup_{\lambda \in \Lambda} U_\lambda$ を X の開被覆, $\varphi_\lambda : U_\lambda \to \widehat{\mathbb{C}}$ を射影構造を決める U_λ 上の同相写像とする.

X を表現するフックス群 Γ_X に対し, 商写像 $\pi_X : \mathbb{H} \to \mathbb{H}/\Gamma_X$ を考える. $z_0 \in \mathbb{H}$ を基点として固定し, U_{λ_0} を $\pi_X(z_0)$ を含む開集合とする. このとき,

$\pi_X^{-1}(U_{\lambda_0})$ の連結成分で z_0 を含むものを V_{λ_0} とすれば,写像

$$\Phi_{\lambda_0} := \varphi_{\lambda_0} \circ \pi_X|_{V_{\lambda_0}} : V_{\lambda_0} \to \widehat{\mathbb{C}}$$

は V_{λ_0} で定義された正則写像となる.

$z \in \mathbb{H}$ を任意にとり,C_p を z_0 と z を結ぶ $\mathbb{H}$ 内の曲線とする.この曲線 C_p に沿って Φ_{λ_0} を解析接続する.具体的には,次のように行なう.

C_p の開被覆 $V_{\lambda_0}, V_{\lambda_1}, \cdots, V_{\lambda_n}$ を $\pi_X(V_{\lambda_j})$ $(j = 0, 1, \cdots, n)$ がある U_{λ_j} となり,$V_{\lambda_j} \cap V_{\lambda_{j+1}} \neq \emptyset$ $(j = 0, \cdots, n-1)$ ととる (図 13.5).

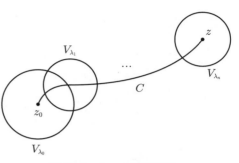

図 13.5　Φ_{λ_0} の解析接続.

ここで $\Phi_{\lambda_0} = \varphi_{\lambda_0} \circ \pi_X$ と $\Phi_{\lambda_1} := \varphi_{\lambda_1} \circ \pi_X$ を $V_{\lambda_0} \cap V_{\lambda_1}$ で比べてみる.任意の $w \in V_{\lambda_0} \cap V_{\lambda_1}$ に対し,

$$\Phi_{\lambda_0}(w) = \varphi_{\lambda_0} \circ \pi_X(w) = \varphi_{\lambda_0} \circ \varphi_{\lambda_1}^{-1} \circ \varphi_{\lambda_1} \circ \pi_X(w)$$
$$= \varphi_{\lambda_0} \circ \varphi_{\lambda_1}^{-1} \circ \Phi_{\lambda_1}(w)$$

となるが,仮定より,

$$\gamma_{01} := \varphi_{\lambda_0} \circ \varphi_{\lambda_1}^{-1}$$

は,$PSL(2, \mathbb{C})$ の元である.よって,$V_{\lambda_0} \cap V_{\lambda_1}$ 上で $\Phi_{\lambda_0} = \gamma_{01} \circ \Phi_{\lambda_1}$ が成り立つ.したがって,$V_{\lambda_0} \cup V_{\lambda_1}$ において正則写像 Φ_{01} を

$$\Phi_{01}(z) = \begin{cases} \Phi_{\lambda_0}(z) & (z \in V_{\lambda_0}), \\ \gamma_{01} \circ \Phi_{\lambda_1}(z) & (z \in V_{\lambda_1}) \end{cases}$$

と定義することができる.この操作を続ければ,Φ_{λ_1} は C_p に沿って解析接続できることがわかる.つまり,Φ_{λ_0} は $\mathbb{H}$ の任意の曲線に沿って解析接続可能となる.$\mathbb{H}$ は単連結であるから,解析接続における一価性の定理から,Φ_{λ_0} の解析接続全体は $\mathbb{H}$ 上の一価正則写像 Φ を定める.この Φ を射影構造より定まる**展開写像**(developing map)と呼ぶ.Φ は,その構成法から,$PSL(2, \mathbb{C})$ の左からの合成を除き,X の射影構造から一意的に決まる.

Φ の性質をもう少しみてみる.Φ の作り方より,基点 z_0 の近傍 V_{λ_0} で $\Phi = \varphi_{\lambda_0} \circ \pi_X$ が成立していた.一方,$V_\gamma := \gamma(V_{\lambda_0})$ $(\gamma \in \Gamma_X)$ において,ある $g_\gamma \in PSL(2, \mathbb{C})$ が存在して,

$$\Phi = g_\gamma \circ \varphi_{\lambda_0} \circ \pi_X$$

となっている(Φ の解析接続による構成から).よって,任意の $w \in V_{\lambda_0}$ に対

し，$\gamma(w) \in V_\gamma$ であるから，

$$\Phi \circ \gamma(w) = \Phi(\gamma(w)) = g_\gamma \circ \varphi_{\lambda_0} \circ \pi_X(\gamma(w))$$
$$= g_\gamma \circ \varphi_{\lambda_0} \circ \pi_X(w) = g_\gamma \circ \Phi(w).$$

また，$\Phi \circ \gamma$, $g_\gamma \circ \Phi$ ともに $\mathbb{H}$ 上の正則写像であるから，一致の定理により，$\mathbb{H}$ 全体で，$\Phi \circ \gamma = g_\gamma \circ \Phi$ が成立していることがわかる．さらに写像

$$\theta_\Phi : \Gamma_X \ni \gamma \mapsto g_\gamma \in PSL(2, \mathbb{C})$$

は Γ_X から $PSL(2, \mathbb{C})$ への準同型になっていることもわかる．この準同型写像 θ_Φ を射影構造が導く**ホロノミー写像**（holonomy map）とよぶ．ホロノミー写像は $PSL(2, \mathbb{C})$ の共役を除き一意に決まる，

13.1 節で考えたフックス群 Γ_X より定まる射影構造について，その展開写像は $PSL(2, \mathbb{C})$ に属する写像であり，ホロノミー写像はその写像による共役である．一方，grafting による射影構造の場合，展開写像は複雑で，その像は $\mathbb{C} \backslash \{0\}$ である．しかしホロノミー写像の像は grafting を行う前のリーマン面 X_0 を表すフックス群 Γ_0 の $PSL(2, \mathbb{C})$ による共役となっている．

13.3　シュワルツ微分と正則2次微分

$\Phi : \mathbb{H} \to \widehat{\mathbb{C}}$，および $\theta_\Phi : \Gamma_X \to PSL(2, \mathbb{C})$ をそれぞれ X 上の射影構造から定まる展開写像とホロノミー写像とする．Φ は正則写像で，$PSL(2, \mathbb{C})$ の左からの合成を除き一意的で，またその構成から局所同相写像である．Φ と θ_Φ の間には，$\gamma \in \Gamma_X$ に対して

$$\Phi \circ \gamma = \theta_\Phi(\gamma) \circ \Phi \tag{13.1}$$

という関係がある．ここで次のシュワルツ微分を導入する．

定義 13.1 $\mathbb{C}$ 内の領域 D で定義された局所同相な正則写像 $f : D \to \widehat{\mathbb{C}}$ に対し，そのシュワルツ微分 $S(f)$ を

$$S(f) = \left(\frac{f''}{f'} \right)' - \frac{1}{2} \left(\frac{f''}{f'} \right)^2 \tag{13.2}$$

で定義する．

シュワルツ微分の性質として次のことは容易にわかる．

(S1)　$f \in PSL(2, \mathbb{C})$ ならば $S(f) \equiv 0$.

(S2)　$S(f \circ g) = (S(f) \circ g)(g')^2 + S(g)$.

シュワルツ微分の定義式 (13.2) において，$F = \frac{f''}{f'}$ とおくと，(13.2) の右辺は $F' - \frac{1}{2}F^2$ となる．したがって，もし領域 D 上で $S(f) \equiv 0$ であれば，

$$F' - \frac{1}{2}F^2 \equiv 0 \tag{13.3}$$

となる.これは変数分離形の常微分方程式であるから,これを解いて,$f \in PSL(2,\mathbb{C})$ を得る.

例題 13.2　(13.3) の微分方程式の解から f を求めよ.

[解答]　変数分離形で $F' = \frac{dF}{dz}$ より,

$$\frac{dF}{F^2} = \frac{1}{2}dz$$

を得る.両辺積分することで

$$F = \frac{-2}{z + C_1} \quad (C_1 \text{ は積分定数})$$

を得る.$F = \frac{f''}{f'} = (\log f')'$ であるから

$$f' = \frac{e^{C_2}}{(z + C_1)^2}$$

を得る.これを再び積分して $f \in PSL(2,\mathbb{C})$ を得る.（終）

よって (S1) は改良されて,次のことが言える.

(S3)　$S(f) \equiv 0$ であるための必要十分条件は f が $PSL(2,\mathbb{C})$ に属することである.

さて,Φ を X 上のある射影構造から定まる展開写像とする.Φ は $PSL(2,\mathbb{C})$ の左からの合成の自由度を持つから,$g \in PSL(2,\mathbb{C})$ に対し,$g \circ \Phi$ も同じ射影構造の展開写像であるが,このシュワルツ微分をとると,(S1), (S2) より

$$S(g \circ \Phi) = (S(g) \circ \Phi)(\Phi')^2 + S(\Phi) = S(\Phi)$$

となる.すなわち,X 上の 1 つの射影構造から,その展開写像のシュワルツ微分がただ 1 つ定まる.さらに (13.1) の両辺のシュワルツ微分を考え,(S1) と (S2) を再び使えば,任意の $\gamma \in \Gamma_X$ に対して

$$(S(\Phi) \circ \gamma)(\gamma')^2 = S(\Phi) \tag{13.4}$$

が成り立つことがわかる.$\gamma \in \Gamma_X$ は X の普遍被覆面の被覆変換であるから,X の座標変換ともみなせる.この意味で (13.4) は $S(\Phi)$ が X 上の **正則 2 次微分**,すなわち $\phi(z)dz^2$ の形の微分形式で $\phi(z)$ が正則となるものを定める.

逆に,X 上の正則 2 次微分 $\phi(z)dz^2$ を考える.この正則 2 次微分の $\mathbb{H}$ への持ち上げ $\widetilde{\phi}$ を考えると,$\widetilde{\phi}$ は $\mathbb{H}$ 上の正則関数で,任意の $\gamma \in \Gamma_X$ に対し,

$$\widetilde{\phi}(\gamma(z))\gamma'(z)^2 = \widetilde{\phi}(z) \tag{13.5}$$

を満たす.ここで $\mathbb{H}$ 上の正則写像 Ψ で $S(\Psi) = \widetilde{\phi}$ となるものを考える.この

ような Ψ の存在は問題であるが，ひとまずそれを仮定する．すると，(13.5) から $\gamma \in \Gamma_X$ に対し，

$$S(\Psi \circ \gamma) = (S(\Psi) \circ \gamma)(\gamma')^2 = (\widetilde{\phi} \circ \gamma)(\gamma')^2$$
$$= \widetilde{\phi} = S(\Psi)$$

を得る．したがって，$S(\Psi \circ \gamma)$ と $S(\Psi)$ は同じものになる．このことと (S3) から，ある $g_\gamma \in PSL(2, \mathbb{C})$ が存在して，

$$\Psi \circ \gamma = g_\gamma \circ \Psi \tag{13.6}$$

が成り立つことがわかる．(13.6) を満たす Ψ が存在すれば X 上に射影構造が定義される．

例題 13.3 このことを確かめよ．

[解答] X 上の点 p に対し，その近傍 U_p を十分小にとって，$\pi_X^{-1}(U_p)$ の任意の連結成分 V_p 上 $\pi_X|_{V_p}$ が V_p から U_p への同相写像となるようにする．このとき，$\varphi_p : U_p \to \widehat{\mathbb{C}}$ を $\Psi \circ (\pi_X|_{V_p})^{-1}$ で定義する．$U_p \cap U_q \neq \emptyset$ なる $q \in X$ の近傍 U_q に対し，φ_q も $\Psi \circ (\pi_X|_{V_q})^{-1}$ で定義する．ここに V_q は $\pi_X^{-1}(U_q)$ のある連結成分である．このとき，$\varphi_p(U_p \cap U_q)$ において，

$$\varphi_q \circ \varphi_p^{-1} = \Psi \circ (\pi_X|_{V_q})^{-1} \circ (\pi_X|_{V_p}) \circ \Psi^{-1}$$

となるが，$(\pi_X|_{V_p})^{-1} \circ (\pi_X|_{V_p})$ は $\pi_X|_{V_p}^{-1}(U_p \cap U_q)$ においてある $\gamma \in \Gamma_X$ と等しい．したがって，(13.6) より

$$\varphi_q \circ \varphi_p^{-1} = \Psi \circ \gamma \circ \Psi^{-1} = g_\gamma \circ \Psi \circ \Psi^{-1}$$
$$= g_\gamma \in PSL(2, \mathbb{C})$$

となり，上のようにとった U_p と φ_p $(p \in X)$ によって X 上の射影構造が決まる．（終）

以上の議論をまとめると次のようになる．X 上に射影構造が与えられれば，その展開写像のシュワルツ微分から X 上の正則 2 次微分が決まり，逆に X 上の正則 2 次微分から射影構造がやはりシュワルツ微分を通して定まる．つまり，X 上の射影構造全体と X 上の正則 2 次微分全体とが同一視されることがわかる．

この議論の中で，$S(\Psi) = \widetilde{\phi}$ となる解 Ψ の存在が残っていたが，これは簡単に述べると，2 階の常微分方程式 $y'' + \frac{1}{2}\widetilde{\phi}y = 0$ の 2 つの一次独立な解 y_1, y_2 に対して $\Psi = \frac{y_1}{y_2}$ として得られる．ただし紙面の都合上詳細は割愛する．

13.4 射影構造とタイヒミュラー空間

X を種数 $g \geqslant 2$ のコンパクトリーマン面とし，$Q(X)$ で X 上の正則 2 次微

分全体の空間とする*1). $Q(X)$ は $(3g-3)$ 次元の複素ベクトル空間になること が知られている. よって $Q(X)$ は $\mathbb{C}^{3g-3}$ と同一視することができる.

各 $\phi \in Q(X)$ に対して, W_ϕ を $\mathbb{H}$ から $\widehat{\mathbb{C}}$ への正則写像で,

$$S(W_\phi) = \phi,$$

かつ $z = i$ の近傍で,

$$W_\phi(z) = i + (z-i) + o(|z-i|^2) \tag{13.7}$$

なるテイラー展開を持つものとする.

$S(f) = \phi$ なる f は $PSL(2,\mathbb{C})$ の左からの合成の自由度があるが, (13.7) の条件より W_ϕ は $\phi \in Q(X)$ から一意的に決まる. 特に, $\phi \equiv 0$ のとき $W_\phi(z) \equiv z$ となる.

W_ϕ は X 上の射影構造の展開写像であったから, ホロノミー写像 θ_ϕ を定める. すなわち, θ_ϕ は Γ_X から $PSL(2,\mathbb{C})$ への準同型で, $\gamma \in \Gamma_X$ に対して

$$W_\phi \circ \gamma = \theta_\phi(\gamma) \circ W_\phi$$

を満たす.

$Q(X)$ は $\mathbb{C}^{3g-3}$ と同一視され, したがって自然に複素構造を持っている. また, 前節の終わりに述べたように, W_ϕ は常微分方程式 $y'' + \frac{1}{2}\phi y = 0$ の一次 独立な解の比として実現される. 常微分方程式の一般論より, 解は係数に正則 に depend する. したがって

$$\mathbb{C}^{3g-3} \simeq Q(X) \ni \phi \mapsto W_\phi$$

も ϕ について正則になる. Γ_X は X の基本群と同型であるから, $2g$ 個の生成 元 $\gamma_1, \cdots, \gamma_{2g}$ を持っている. このとき

$$Q(X) \ni \phi \mapsto \theta_\phi(\gamma_j) \in PSL(2,\mathbb{C}) \quad (j = 1, \cdots, 2g)$$

が正則となる.

$Q(X)$ にノルム $\|\cdot\|$ を

$$\|\phi\| = \sup_{z \in \mathbb{H}} (\mathrm{Im}\, z)^2 |\phi(z)| \tag{13.8}$$

で定義する. 恒等式

$$\frac{|\gamma'(z)|}{\mathrm{Im}\, \gamma(z)} = \frac{1}{\mathrm{Im}\, z} \quad (\gamma \in PSL(2,\mathbb{R}))$$

と (13.5), および X がコンパクトであることより, $\phi \in Q(X)$ ならば $\|\phi\| < \infty$ であることがわかる.

(13.8) で定義されるノルムと W_ϕ の性質について次のことが知られている.

---

*1) $Q(X)$ は $\mathbb{H}$ 上の正則関数 $\widetilde{\phi}$ で Γ_X に対し (13.6) を満たすもの全体としてとらえるこ とにする.

定理 13.1（Nehari–Kraus, Ahlfors–Weill）　W_ϕ が $\mathbb{H}$ 上の等角写像であれば，$\|\phi\| \leqslant 6$ である．また，$\|\phi\| < 2$ ならば W_ϕ は $\mathbb{H}$ 上の等角写像になる．

ここで

$$S(X) = \{\phi \in Q(X) \mid W_\phi \text{ は } \mathbb{H} \text{ 上の等角写像}\}$$

を考える．$S(X)$ は $Q(X)$ 上の閉部分集合になることが知られているが，定理 13.1 から $S(X)$ は $Q(X)$ の (13.8) で定義したノルムに関する半径 2 の球を含み，半径 6 の閉球に含まれる集合であることがわかる．

　例えば 13.1 節で考えたフックス群で定義される射影構造の展開写像は等角写像であるから，そのシュワルツ微分は $S(X)$ に属する．一方で，grafting による射影構造の展開写像は等角写像にならない．よってそのシュワルツ微分は $S(X)$ には属さない．

　もう 1 つ $Q(X)$ の重要な部分集合を定義するために，**クライン群**（Kleinian group）について解説する．

　$PSL(2,\mathbb{C}) = SL(2,\mathbb{C})/\pm I$ には，$SL(2,\mathbb{C})$ の商空間として自然に位相が定まる．この位相に関し離散的な $PSL(2,\mathbb{C})$ の部分群をクライン群と呼ぶ．

　ここで，

$$K(X) = \{\phi \in Q(X) \mid \theta_\phi(\Gamma_X) \text{ がクライン群}\}$$

なる $Q(X)$ の部分集合を考える．

　部分群 $G \subset PSL(2,\mathbb{C})$ に対し，ある開集合 $\Omega \subset \widehat{\mathbb{C}}$ が存在して，G の Ω 上の作用が真性不連続（第 10 章参照）であるとき，G はクライン群になることが知られている．したがって，特にフックス群はクライン群である．さらに $S(X) \subset K(X)$ になることがわかる．

例題 13.4　$S(X) \subset K(X)$ を確かめよ．

[**解答**]　$\phi \in S(X)$ とする．θ_ϕ の定義から，

$$W_\phi \circ \gamma = \theta_\phi(\gamma) \circ W_\phi \quad (\gamma \in \Gamma_X)$$

となる．W_ϕ は等角写像であったから，$\Omega_\phi := W_\phi(\mathbb{H})$ 上

$$\theta_\phi(\gamma) = W_\phi \circ \gamma \circ W_\phi^{-1} \tag{13.9}$$

である．Γ_X はフックス群であったから，Γ_ϕ は $\mathbb{H}$ に真性不連続に作用している．(13.9) より $\theta_\phi(\Gamma_X)$ は等角写像 $W_\phi : \mathbb{H} \to \Omega_\phi$ による Γ_X の共役であるから，$\theta_\phi(\Gamma_X)$ の Ω_ϕ への作用は真性不連続になる．（終）

　$S(X)$ の内点集合 $\operatorname{Int} S(X)$ を **X のタイヒミュラー空間**（Teichmüller space）と呼び，$T(X)$ と書く．このとき，次の関係が成り立つ．

> **定理 13.2**
>
> $T(X) = \operatorname{Int} S(X) = \operatorname{Int} K(X)$ の 0 を含む連結成分.

Grafting による射影構造の展開写像のシュワルツ微分は $S(X)$ には属さないが，$K(X)$ の元である．実のところそれは $\operatorname{Int} K(X)$ の元である．

定理 13.2 で与えたタイヒミュラー空間は数学の様々な分野で現れる重要な研究対象である．その定義の方法もいくつかある（もちろんすべて同値だが）．ここで挙げた $T(X)$ の定義はスタンダードなものではなく，むしろ射影構造を用いた $T(X)$ の特徴付けと言うべきものである．

タイヒミュラー空間，クライン群は様々な立場からの研究とその進展がなされている．興味ある読者はさらに進んだ専門書などで学ばれたい．

参考文献

学部の複素解析の内容については日本語の参考書が数多くあるため，ここでは挙げない．以下では，リーマン面とその変形理論を中心とした文献を挙げる．

[1] L. V. Ahlfors, Lectures on quasiconformal mappings 2nd Ed., AMS ULS 38, 2006.

[2] A. F. Beardon, The Geometry of Discrete Groups, Springer-Verlag GTM 81, 1983.

[3] P. Buser, Geometry and Spectra on Compact Riemann Surfaces, Birkhäuser, 1992.

[4] J. Hubbard, Teichmüller Theory Vol. 1, Matrix Edition, 2006.

[5] 今吉洋一，谷口雅彦，『タイヒミュラー空間論』，日本評論社，1989.

[6] 楠幸男，『函数論—リーマン面と等角写像—』，朝倉書店，1972.

[7] O. Lehto, Univalent functions and Teichmüller spaces, Springer-Verlag GTM 109, 1986.

[8] 及川廣太郎，『リーマン面』，共立出版，1987 年.

[1] は本書では詳しく述べられなかった擬等角写像（Quasiconformal mapping）の解説書であり，タイヒミュラー空間も導入されている．この本は Ahlfors の原著に現代的注釈を加えて，第 2 版として発刊されたものである．原著は谷口雅彦氏による邦訳がある．

[2], [3] は双曲幾何学について書かれているものである．[2] は高次元を含むクライン群の基礎理論を解説したもので，[3] はリーマン面上の双曲幾何学が中心に興味ある話題が記述されている．

[6] は本書では触れられなかったコンパクトリーマン面の基礎理論（代数曲線論），一意化定理に加えて開リーマン面の解析的理論が展開されている．[8] もコンパクトリーマン面の基礎理論と一意化定理の解説がある．

[4], [5], [7] はタイヒミュラー空間のテキストであり，それぞれ特徴がある．[4] はタイヒミュラー空間論の応用を見据えたものである．[5] はこの理論についての知るべきところを手際よく押さえてある．一方，[7] は複素解析の立場から見た理論構成になっている．

索　引

著 者 略 歴

志賀 啓成
しが ひろしげ

1977 年　京都大学理学部卒
1982 年　京都産業大学理学研究科博士課程修了
1982 年　理学博士
　　　　　京都大学理学部 助手,
　　　　　東京工業大学理学部 助教授, 同教授を経て,
2019 年　京都産業大学理学部数理科学科教授
　　　　　現在に至る. 東京工業大学名誉教授

　　専門　複素解析および複素解析幾何
主要著書
『複素解析学 I 基礎理論』
(数学レクチャーノート 入門編 5, 培風館, 1997)
『複素解析学 II 現代理論への序説』
(数学レクチャーノート 入門編 6, 培風館, 1999)
『リーマンと解析学』
(リーマンの生きる数学 2, 共立出版, 2020)

SGC ライブラリ-159

例題形式で探求する 複素解析と幾何構造の対話

2020 年 5 月 25 日 ©　　　　　　初 版 発 行

著 者　志賀 啓成　　　　　　　発行者　森 平 敏 孝
　　　　　　　　　　　　　　　印刷者　馬 場 信 幸

発行所　　株式会社 サイエンス社

〒151–0051　東京都渋谷区千駄ヶ谷 1 丁目 3 番 25 号
営業 ☎ (03) 5474–8500 (代)　　振替 00170–7–2387
編集 ☎ (03) 5474–8600 (代)
FAX ☎ (03) 5474–8900　　　　　表紙デザイン：長谷部貴志

印刷・製本　三美印刷株式会社

ISBN978–4–7819–1479–4

PRINTED IN JAPAN

サイエンス社のホームページのご案内
https://www.saiensu.co.jp
ご意見・ご要望は
sk@saiensu.co.jp　まで.

臨時別冊・数理科学（SGC ライブラリ-148：for Senior & Graduate Courses）

結晶基底と幾何結晶
量子群からトロピカルな世界へ

中島　俊樹　著

定価 2424 円

'1989 年の秋頃，当時修士 2 年生であった筆者に柏原正樹先生が「この前のあれ "crystal base" という名前にしました。」と仰った．あれとは，その少し前に柏原先生から伺っていた話に登場する新しく定義された "あれ" のことであった． crystal base - "結晶基底" という名前に接した瞬間であった．'
（本書まえがきより）
本書では誕生から 30 年経ち，大きく発展している結晶基底について，著者の研究に関連した話題を中心に解説する．

サイエンス社

SGC ライブラリ- 155 : for Senior & Graduate Courses

圏と表現論

2-圏論的被覆理論を中心に

浅芝　秀人　著

定価 2860 円

圏論は，多元環の表現論においても実に多様な用いられ方をしている．多くの圏，関手，自然変換が登場し，圏論の一般論も用いられる．本書では 2-圏および随伴系が多用される 2-圏論的被覆理論に焦点をあてて解説する．

サイエンス社

SGC ライブラリ- 156：for Senior & Graduate Courses

数理流体力学への招待

ミレニアム懸賞問題から乱流へ

米田　剛　著

定価 2310 円

Clay 財団が 2000 年に挙げた 7 つの数学の未解決問題の 1 つに「3 次元 Navier–Stokes 方程式の滑らかな解は時間大域的に存在するのか，または解の爆発が起こるのか」がある．この未解決問題に関わる研究は Leray（1934）から始まり，2019 年現在，最終的な解決には至っていない．本書では，非圧縮 Navier–Stokes 方程式，及び非圧縮 Euler 方程式の数学解析について解説する．

サイエンス社